Linux 操作系统项目化教程

曹 勇 钟佳杭 钱 游 主 编

陈小莉 柏世兵 罗 香 副主编

電子工業出版社·

Publishing House of Electronics Industry

北京·BEIJING

内 容 简 介

本书对接全国职业院校技能大赛和 Linux 相关的权威职业资格认证（如 RHCSA、RHCE、工信部 Linux 运维工程师认证等），同时以相关岗位需求为导向。本书以 CentOS 7.6 发行版为平台，遵循学生的认知规律，从理解 Linux 操作系统的基础知识，到掌握基本命令的使用方法，再到熟练掌握综合性较强的常规网络服务器配置方法，知识层层递进，技能由易到难，帮助学生掌握岗位所必需的核心技能。

本书共分为 12 个项目，包括部署 Linux 操作系统环境、使用基本操作命令、使用 vim 编辑器与 shell、管理项目用户与组群、管理项目文件与目录、配置与管理磁盘、配置网络与 SSH 服务、安装与配置 DHCP 服务器、安装与配置 Samba 服务器、安装与配置 DNS 服务器、安装与配置 Apache 服务器、安装与配置 FTP 服务器。每个项目都配有"任务拓展"等结合实践应用的内容，引入了大量的企业应用实例，配备微课、在线精品课程等，使"教、学、做"融为一体。

本书可以作为高等职业院校计算机相关专业"Linux 操作系统"课程的教材，也可以作为 Linux 操作系统管理人员和网络管理人员的参考资料。

未经许可，不得以任何方式复制或抄袭本书之部分或全部内容。
版权所有，侵权必究。

图书在版编目（CIP）数据

Linux 操作系统项目化教程 / 曹勇，钟佳杭，钱游主编. -- 北京：电子工业出版社，2024. 12. -- ISBN 978-7-121-49735-3

Ⅰ. TP316.85

中国国家版本馆 CIP 数据核字第 2025HA3974 号

责任编辑：刘　洁
印　　刷：三河市华成印务有限公司
装　　订：三河市华成印务有限公司
出版发行：电子工业出版社
　　　　　北京市海淀区万寿路 173 信箱　　　邮编：100036
开　　本：787×1092　　1/16　　印张：13.5　　字数：321 千字
版　　次：2024 年 12 月第 1 版
印　　次：2024 年 12 月第 1 次印刷
定　　价：49.80 元

凡所购买电子工业出版社图书有缺损问题，请向购买书店调换。若书店售缺，请与本社发行部联系，联系及邮购电话：(010) 88254888，88258888。

质量投诉请发邮件至 zlts@phei.com.cn，盗版侵权举报请发邮件至 dbqq@phei.com.cn。

本书咨询联系方式：(010) 88254178，liujie@phei.com.cn。

前　言

Linux 操作系统自诞生以来，凭借其免费开源、安全、稳定、支持跨平台运行等特点，已成为最流行的操作系统之一。Linux 操作系统在网络应用及安全性方面的独特性能使其成为众多企业搭建服务器的首选。此外，Linux 操作系统被广泛应用在桌面应用、软件开发、移动应用开发和嵌入式开发领域。随着新一代信息技术的发展，Linux 操作系统在构建云计算和大数据平台方面备受青睐。

本书以大数据运维工程师、云计算平台构建与运维工程师岗位的需求为导向，对接全国职业院校技能大赛和 Linux 相关的权威职业资格认证（如 RHCSA、RHCE、工信部 Linux运维工程师认证等），以企业实际工程项目为载体，将企业实际服务器的搭建、配置和运维过程作为教学的设计核心。本书采用任务驱动方式开展教学内容，既能满足常规的教学需求，又能满足职业资格认证培训的需求，是一本具有"岗课融通"功能，基于校企"双元"合作开发的理实一体化教材。

本书以 CentOS 7.6 发行版为平台，对 Linux 操作系统的应用与管理进行了详细介绍。全书共分为 12 个项目，包括部署 Linux 操作系统环境、使用基本操作命令、使用 vim 编辑器与 shell、管理项目用户与组群、管理项目文件与目录、配置与管理磁盘、配置网络与 SSH服务、安装与配置 DHCP 服务器、安装与配置 Samba 服务器、安装与配置 DNS 服务器、安装与配置 Apache 服务器、安装与配置 FTP 服务器。

本书由重庆城市职业学院与科大讯飞股份有限公司的团队联合编写。曹勇、钟佳杭、钱游任主编，陈小莉、柏世兵、罗香任副主编。各项目具体分工如下：柏世兵负责项目一的编写工作；钟佳杭承担项目二、三、四的编写工作；曹勇负责项目五、六、八的编写工作；罗香负责项目七的编写工作；钱游负责项目十的编写工作；陈小莉则承担项目九、十一、十二的编写任务。

本书在编写过程中参考了互联网上公布的有关资料，由于互联网上的资料较多，引用复杂，无法逐一注明原出处，故在此声明，原文版权属于原作者。同时，本书在编写过程中得到了很多同行、专家及出版社编辑的大力支持和帮助，在此表示感谢。由于编者水平有限，书中难免存在疏漏和不足之处，敬请读者批评指正，以期修订更新。

目　　录

项目一　部署 Linux 操作系统环境

任务一　认识 Linux 操作系统

任务要求

知识要求：了解 Linux 操作系统。

实施要求：了解 Linux 操作系统的特点。

技术要求：能够选择 Linux 操作系统的版本。

任务实施

（1）课前，教师发布任务书，要求学生了解 Linux 操作系统。

（2）课中，教师对学生的课前任务完成情况进行评讲，并讲解知识点。

（3）课后，学生根据知识点巩固学习。

任务知识

知识 1　Linux 操作系统的起源

Linux 是一款类 UNIX 的操作系统。1991 年，芬兰赫尔辛基大学的学生 Linus Torvalds 受 MINIX 系统的启发，推出了一款新的类 UNIX 的操作系统，并在新闻组 comp.os.minix 中发布了大约有一万行代码的最早的 Linux 内核版本 v0.01。1991 年 10 月 5 日，Linus Torvalds 正式向外界宣布了 Linux 内核系统的诞生，并发布了 v0.02 版内核。

从此，10 月 5 日对 Linux 社区来说成了一个特殊的日子，后来许多 Linux 新版本在发布时都选择了这个日子，Linus Torvalds 也被称为"Linux 之父"。借助 Internet，经过全世界计算机爱好者的共同努力，Linux 现已成为世界上最流行的操作系统之一，并且使用人数还在迅猛增长。

提示：Linux 的读音五花八门，版本颇多，根据 Linus Torvalds 的说法，Linux 的读音和"MINIX"是押韵的。依照国际音标，Linux 的读音应该是/'linəks/（类似于"里讷克斯"）。

但是，Linus Torvalds 是芬兰人，根据当地语言的发音，Linux 读作/'liniks/更为贴切。

Linux 的标志和吉祥物是一只叫 Tux 的企鹅，如图 1-1 所示。

图 1-1　Linux 的标志和吉祥物

知识 2　Linux 操作系统的特点

1. 开源

Linux 是一款开源操作系统，全世界的用户都可以通过 Internet 或其他途径免费获得 Linux 操作系统，并可以在遵守 GPL（GNU 通用公共许可证）条款的前提下修改其源代码。

2. 兼容 POSIX 标准

Linux 操作系统对 POSIX 标准的兼容，使得用户可以在该操作系统下通过相应的模拟器运行常见的 DOS 或 Windows 程序，这为用户从 Windows 操作系统转到 Linux 操作系统奠定了基础。

3. 模块化

Linux 操作系统的内核设计非常精巧，分为进程调度、内存管理、进程间通信、虚拟文件系统和网络接口五大模块。该操作系统可以根据用户需要，实时地在内核中插入或移走某些模块，适用于嵌入式系统的开发。

4. 支持多用户、多任务

Linux 操作系统中的各类用户拥有不同的权限和操作环境，以保证不同用户之间互不影响。多任务是现代计算机的一个主要特点，Linux 操作系统支持多个程序同时并独立地运行。

5. 良好的稳定性和安全性

Linux 操作系统提供了网络管理、网络服务等功能，可使用户方便地建立高效、稳定的防火墙、路由器、工作站和服务器等，还提供了大量网络管理软件、网络分析软件和网络安全软件等。

6. 良好的用户界面

Linux 操作系统同时具有字符界面和图形界面。在字符界面中，用户可以通过执行命令进行相关操作。Linux 操作系统提供了 X Window 图形界面，用户可以使用鼠标进行相关操作。

7. 支持多种平台

Linux 操作系统几乎能在所有计算机平台上运行，如笔记本电脑、个人计算机、工作站，甚至大型机，并能在 86、x86_64、680x0、SPARC 和 Alpha 等主流的体系结构上运行。

8. 丰富的应用程序和开发工具

Linux 操作系统支持 UNIX 操作系统中使用的工具，包括绝大部分 GNU 软件和库。此外，在 Oracle、Intel、IBM、Dell 等国际知名企业的支持下，Linux 操作系统支持的应用程序和开发工具越来越多。

知识 3　Linux 操作系统的版本

Linux 操作系统的版本分为内核版本和发行版本两类。

内核是操作系统的心脏，是运行程序和管理磁盘、打印机等硬件设备的核心程序，它提供了一个在硬件设备与应用程序之间的抽象层。

Linux 内核的开发和规范一直由 Linus Torvalds 领导的开发小组控制着，开发小组每隔一段时间就会发布新的内核版本或其修订版本。

Linux 内核版本的版本号命名是有一定规则的，其格式通常为 "X.Y.Z"。其中，X 代表主版本号；Y 代表次版本号，当 Y 为偶数时表示此内核版本是一个可放心使用的稳定版，当 Y 为奇数时表示此内核版本是测试版，还不太稳定；Z 代表修订号。

主版本号和次版本号的变化标志着重要的功能变动，修订号的变化标志着较小的功能变动。例如，在 Linux 内核版本 5.10.61 中，5 代表主版本号，10 代表次版本号，61 代表修订号，且该版本是一个稳定的、可公开发行的正式版本。

目前，全球已经有数百种 Linux 发行版本，每个版本都有自己的特性和目标人群，常见的 Linux 发行版本如表 1-1 所示。

表 1-1　常见的 Linux 发行版本

Logo	简要说明
redhat	Red Hat（红帽）Linux 是目前世界上最著名的 Linux 发行版本之一。 Red Hat Linux 有两个 Linux 产品系列，一个是免费的 Fedora 系列，主要用于桌面版本；另一个是收费的 RHEL（Red Hat Enterprise Linux）操作系统
CentOS	CentOS 是把 RHEL 操作系统重新编译并发布给用户免费使用的企业级 Linux 发行版本，目前应用极为广泛
debian	Debian 完全依靠 Internet 上的 Linux 操作系统爱好者进行开发和维护，它提供了免费的基础支持，可以支持各种硬件架构，还提供了近十万种不同的开源软件，在国外拥有很高的认可度和使用率

续表

Logo	简要说明
ubuntu	Ubuntu 是一款以桌面应用为主的 Linux 操作系统，它基于 Debian 发行版和 GNOME 桌面环境； Ubuntu 的目标是为用户提供最新且稳定的，主要由自由软件构建而成的操作系统
f	Fedora 是从 Red Hat Linux 发展而来的免费 Linux 操作系统，它允许任何用户自由地使用、修改和重新发布； Fedora 为 RHEL 操作系统的测试版
SUSE	SUSE 是一款源自德国的著名 Linux 操作系统，在全球范围内有着不错的声誉和市场占有率
红旗 Linux	红旗 Linux 是由中科红旗（北京）信息科技有限公司研发的一系列 Linux 发行版，是中国较大、较成熟的 Linux 发行版之一，连续多年在国产操作系统中排名第一

任务拓展

网络操作系统除了 Linux 操作系统，还有 Windows Server 系列操作系统。Windows Server 操作系统由微软公司开发，是中小型局域网中十分常见的网络操作系统。微软公司的网络操作系统主要有 Windows NT Server、Windows 2000 Server、Windows Server 2003/2008/2012/2016 等。由于 Windows Server 操作系统拥有直观、高效、友好的图形化用户界面，操作简单、易学易用，因此在中小型企业的网络操作系统中占有较大优势。与 Linux 操作系统相比，Windows Server 操作系统对服务器的硬件配置要求较高，且稳定性不是很好，所以一般被应用在中低档服务器中。

任务二　安装与配置 Linux 操作系统

任务要求

知识要求：掌握虚拟机的安装步骤，掌握 Linux 操作系统在虚拟机中的安装步骤。

实施要求：根据要求在虚拟机中安装、配置 Linux 操作系统。

技术要求：具备安装、配置虚拟机与 Linux 操作系统的能力。

任务实施

（1）课前，教师发布任务书，要求学生下载 VMware Workstation 虚拟机、Linux 操作系统安装文件并进行安装。

（2）课中，教师对学生的课前任务完成情况进行评讲，并讲解重难点。

（3）课后，学生根据教师评讲巩固学习，熟练掌握 VMware Workstation 虚拟机和 Linux 操作系统的安装与配置方法。

任务知识

知识 1　安装 VMware Workstation 虚拟机软件

VMware Workstation 可以在同一台计算机上虚拟出多台计算机，这些虚拟机就像真实机一样，拥有自己独立的 CPU、内存、硬盘、网卡等，我们可以在虚拟机上进行分区、格式化、安装操作系统和应用软件等，这些操作都不会对真实机的硬盘分区和数据造成任何影响与破坏。

下面以 VMware-workstation-full-16.1.2-17966106 为例来讲解虚拟机软件的安装。

双击 VMware Workstation Pro 16 安装文件，如图 1-2 所示。

图 1-2　VMware Workstation Pro 16 安装文件

进入 VMware Workstation Pro 16 安装主界面，如图 1-3 所示。

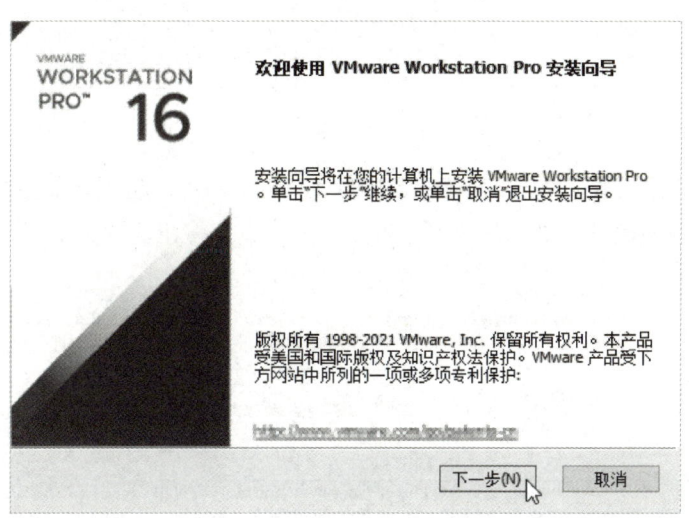

图 1-3　VMware Workstation Pro 16 安装主界面

在 VMware Workstation Pro 16 安装主界面中单击"下一步"按钮，进入"最终用户许可协议"界面，勾选"我接受许可协议中的条款"复选框，单击"下一步"按钮，如图 1-4 所示。

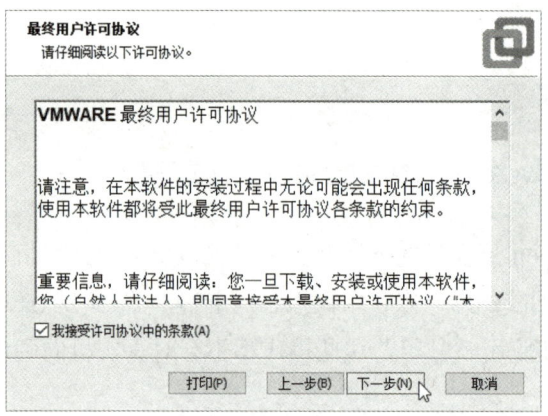

图 1-4   "最终用户许可协议"界面

进入"自定义安装"界面，单击"下一步"按钮，如图 1-5 所示。

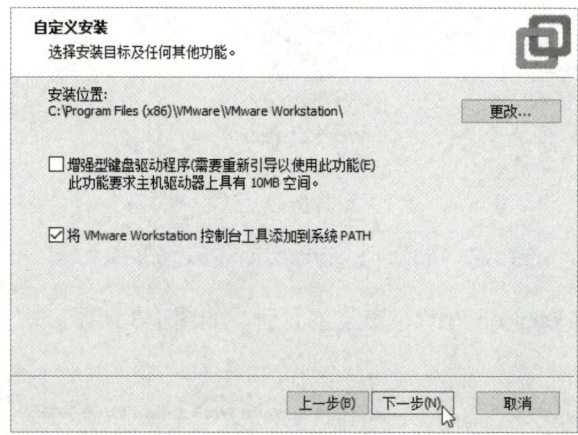

图 1-5   "自定义安装"界面

进入"用户体验设置"界面，在该界面中取消勾选"启动时检查产品更新"复选框和"加入 VMware 客户体验提升计划"复选框，单击"下一步"按钮，如图 1-6 所示。

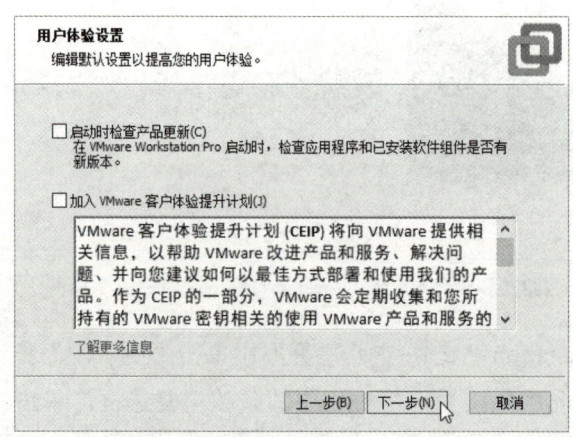

图 1-6   "用户体验设置"界面

进入"快捷方式"界面，单击"下一步"按钮，如图 1-7 所示。

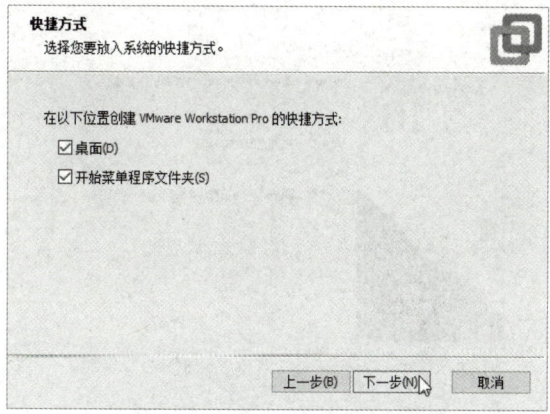

图 1-7　"快捷方式"界面

进入"已准备好安装 VMware Workstation Pro"界面，单击"安装"按钮即可进入安装界面，如图 1-8 所示。

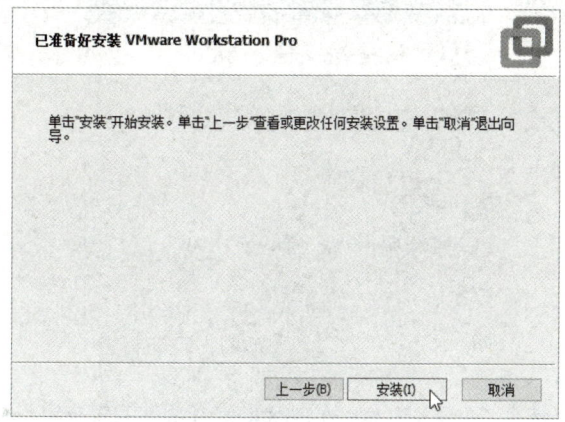

图 1-8　"已准备好安装 VMware Workstation Pro"界面

进入"正在安装 VMware Workstation Pro"界面，如图 1-9 所示。

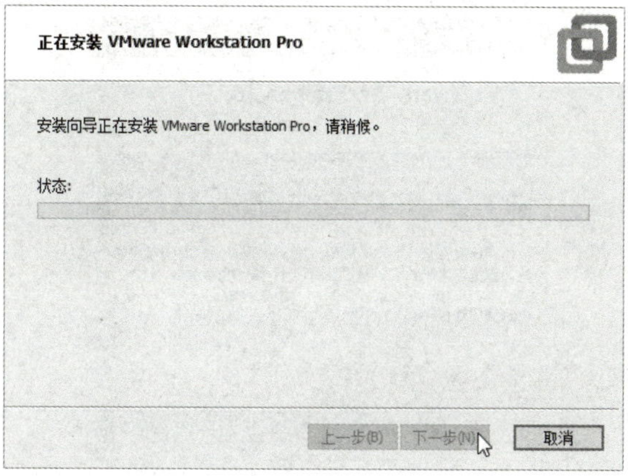

图 1-9　"正在安装 VMware Workstation Pro"界面

安装结束后，在"VMware Workstation Pro 安装向导已完成"界面中单击"许可证"按钮，如图 1-10 所示。

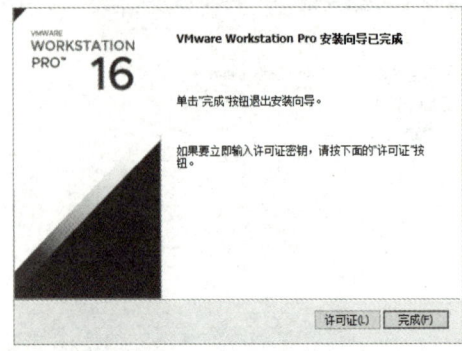

图 1-10 "VMware Workstation Pro 安装向导已完成"界面

弹出"欢迎使用 VMware Workstation 16"对话框，选中"我有 VMware Workstation 16 的许可证密钥"单选按钮，如图 1-11 所示。在许可证密钥栏中输入密钥，单击"继续"按钮。

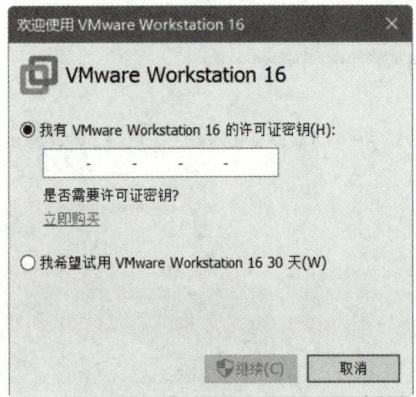

图 1-11 选中"我有 VMware Workstation 16 的许可证密钥"单选按钮

在"欢迎使用 VMware Workstation 16"对话框中单击"完成"按钮完成注册，即可使用 VMware Workstation Pro 16，如图 1-12 所示。

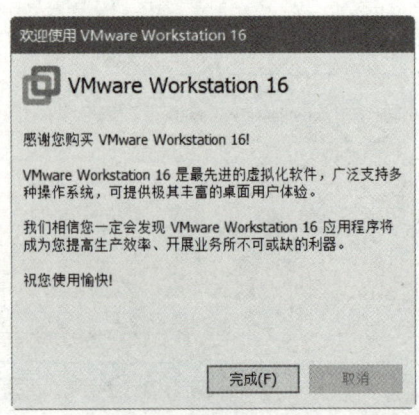

图 1-12 VMware Workstation Pro 16 注册完成

知识 2　在 VMware Workstation 中创建虚拟机

双击"VMware Workstation Pro"图标，如图 1-13 所示，打开 VMware Workstation Pro 16 运行界面（见图 1-14）。

图 1-13　"VMware Workstation Pro"图标

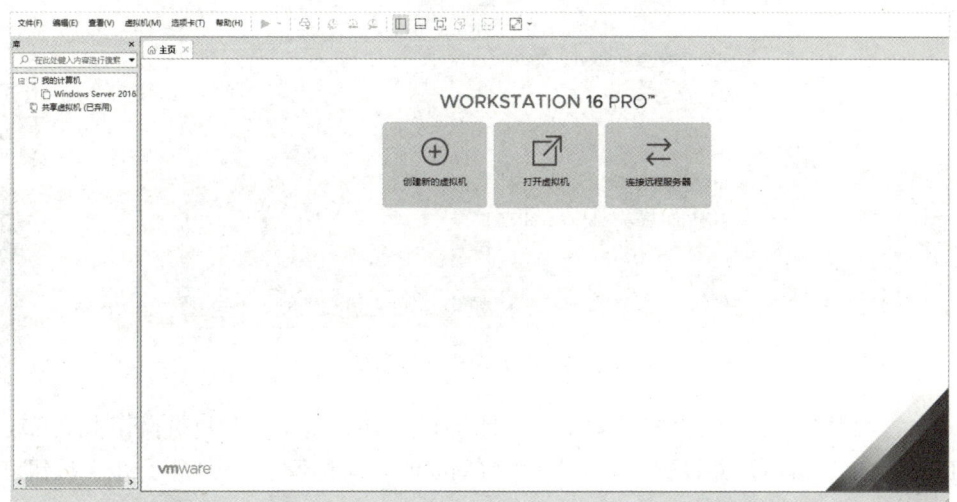

图 1-14　VMware Workstation Pro 16 运行界面

在 VMware Workstation Pro 16 运行界面中单击"创建新的虚拟机"按钮，弹出"欢迎使用新建虚拟机向导"界面，在该界面中选中"典型(推荐)"单选按钮，单击"下一步"按钮，如图 1-15 所示。

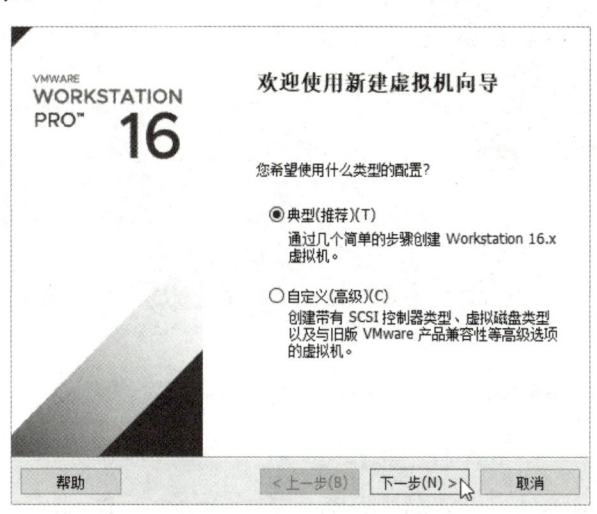

图 1-15　"欢迎使用新建虚拟机向导"界面

弹出"新建虚拟机向导"对话框,"安装客户机操作系统"界面如图 1-16 所示。在该界面中选中"稍后安装操作系统"单选按钮,单击"下一步"按钮。

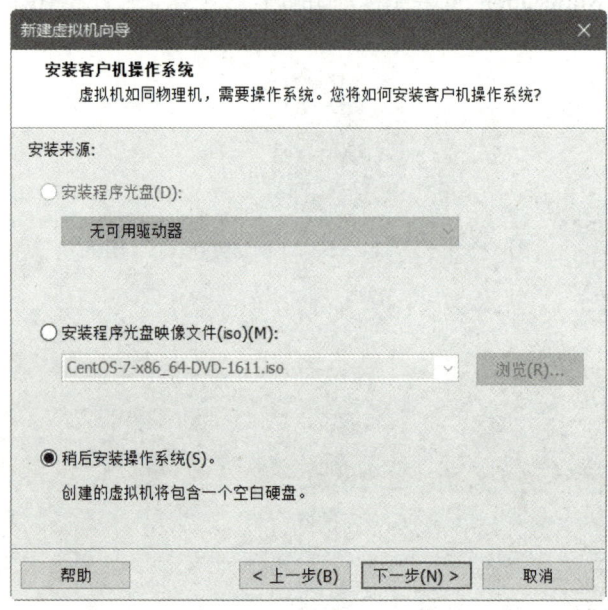

图 1-16   "安装客户机操作系统"界面

进入"选择客户机操作系统"界面,如图 1-17 所示。选中"客户机操作系统"选区中的"Linux"单选按钮,并设置"版本"为"CentOS 7 64 位",单击"下一步"按钮。

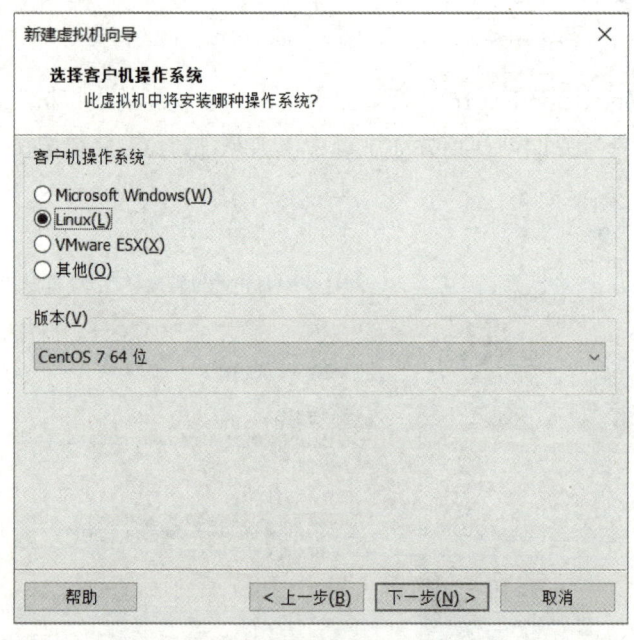

图 1-17   "选择客户机操作系统"界面

进入"命名虚拟机"界面,如图 1-18 所示。在该界面中对虚拟机进行命名,并设置虚拟机文件的存放位置，设置完成后单击"下一步"按钮。

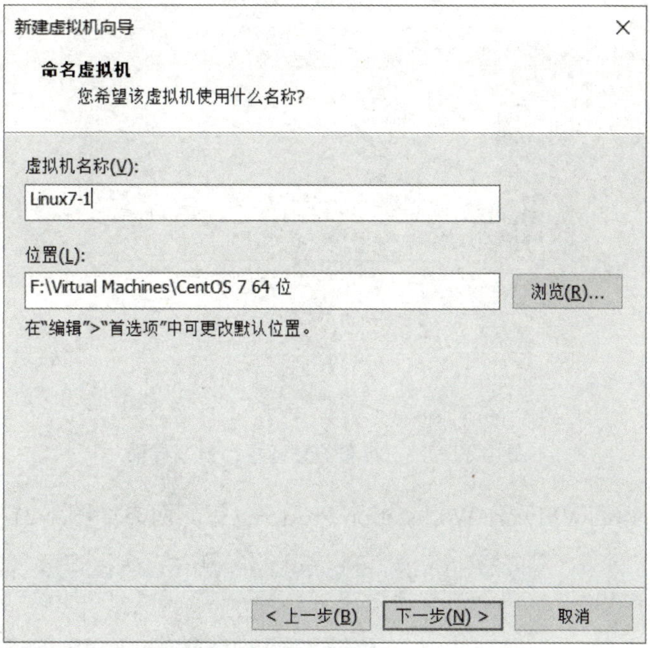

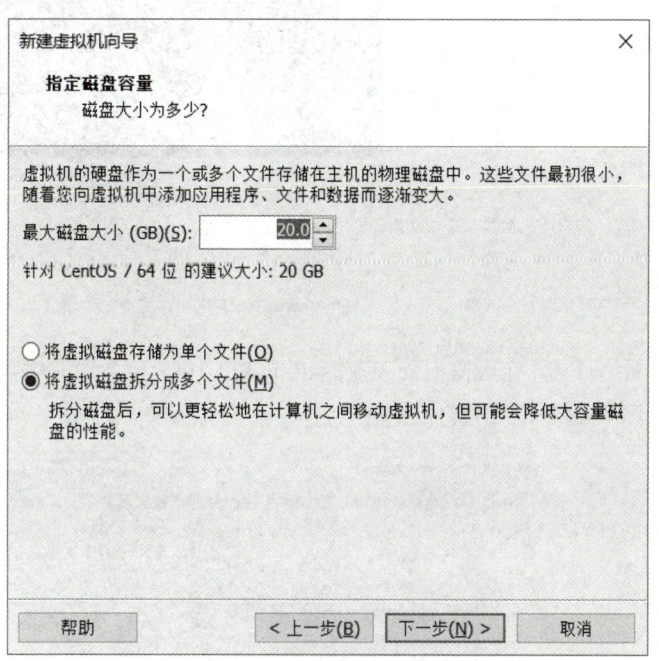

图 1-18　"命名虚拟机"界面

进入"指定磁盘容量"界面，如图 1-19 所示。在该界面中设置"最大磁盘大小 (GB)"为"20.0"，设置完成后单击"下一步"按钮。

图 1-19　"指定磁盘容量"界面

进入"已准备好创建虚拟机"界面，单击"完成"按钮，如图 1-20 所示。

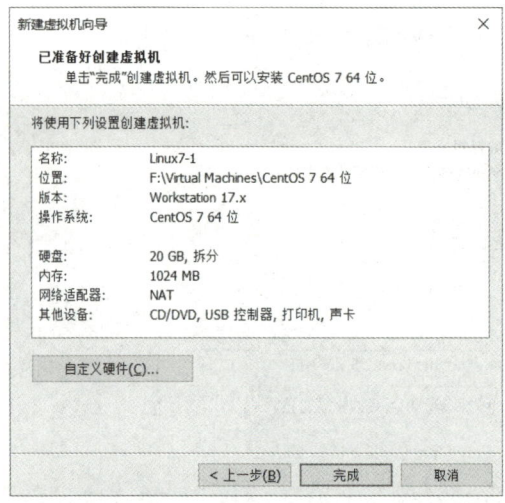

图 1-20 "已准备好创建虚拟机"界面

创建虚拟机后返回 VMware Workstation Pro 16 运行界面，如图 1-21 所示。

图 1-21 返回 VMware Workstation Pro 16 运行界面

配置虚拟机的网络环境。在 VMware Workstation Pro 16 运行界面的菜单栏中选择"编辑"→"虚拟网络编辑器"命令，如图 1-22 所示。

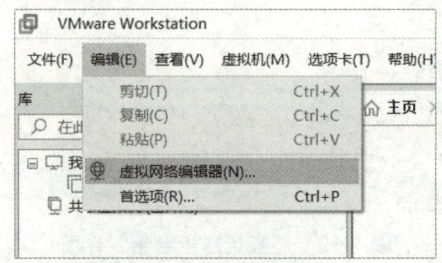

图 1-22 选择"编辑"→"虚拟网络编辑器"命令

在弹出的"虚拟网络编辑器"对话框中单击"更改设置"按钮,如图 1-23 所示。

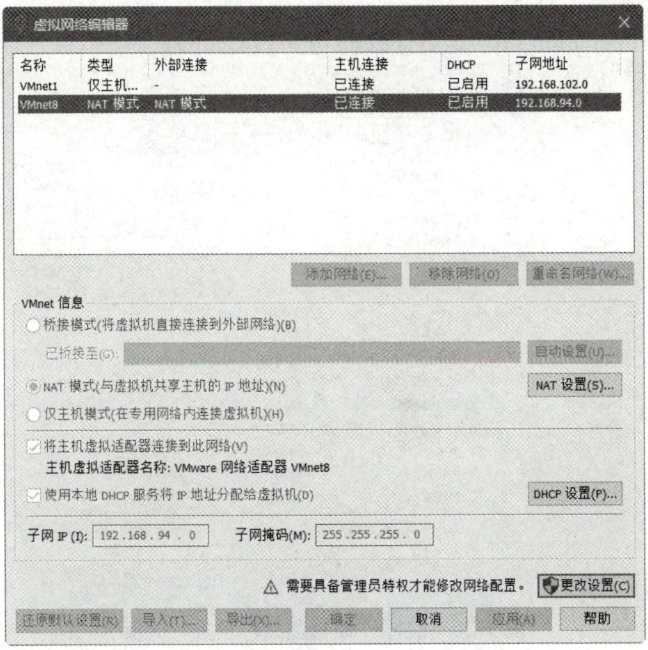

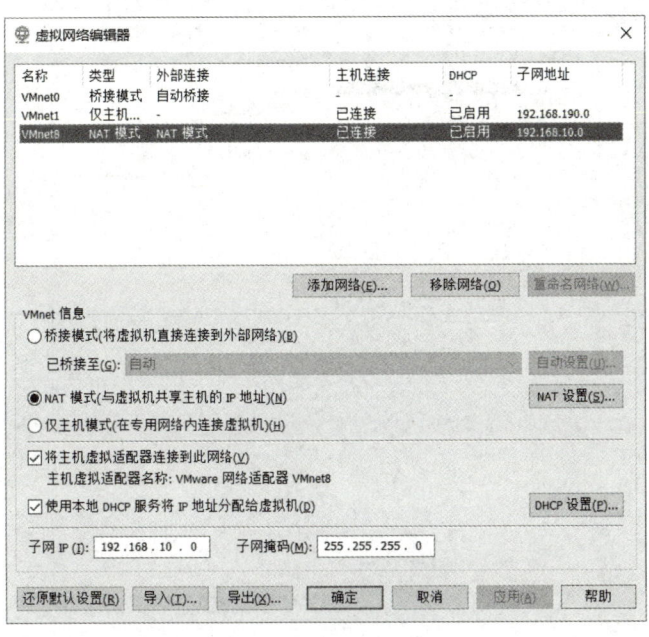

图 1-23　"虚拟网络编辑器"对话框

在"虚拟网络编辑器"对话框的列表框中选择"VMnet8",在"VMnet 信息"选区中勾选"将主机虚拟适配器连接到此网络"复选框和"使用本地 DHCP 服务将 IP 地址分配给虚拟机"复选框,设置"子网 IP"为"192.168.10.0",如图 1-24 所示。设置完成后单击"确定"按钮。

图 1-24　更改网络设置

知识 3　安装 CentOS 7

从 VMware Workstation Pro 16 运行界面切换到 CentOS 7 虚拟机管理界面，选择"编辑虚拟机设置"选项，如图 1-25 所示。

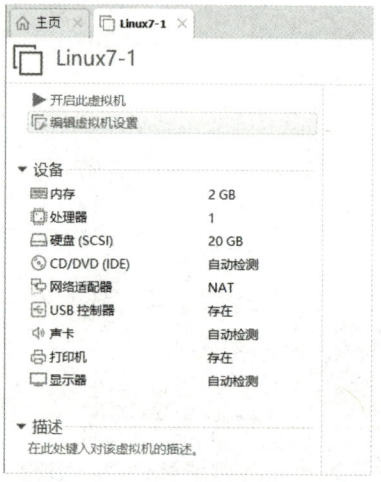

图 1-25　选择"编辑虚拟机设置"选项

弹出"虚拟机设置"对话框，如图 1-26 所示。先在左侧的列表框中选择"CD/DVD(IDE)"选项，再在右侧的"连接"选区中选中"使用 ISO 映像文件"单选按钮，单击"浏览"按钮，在弹出的对话框中选择 CentOS 7 系统安装盘 ISO 映像文件。设置完成后单击"确定"按钮。

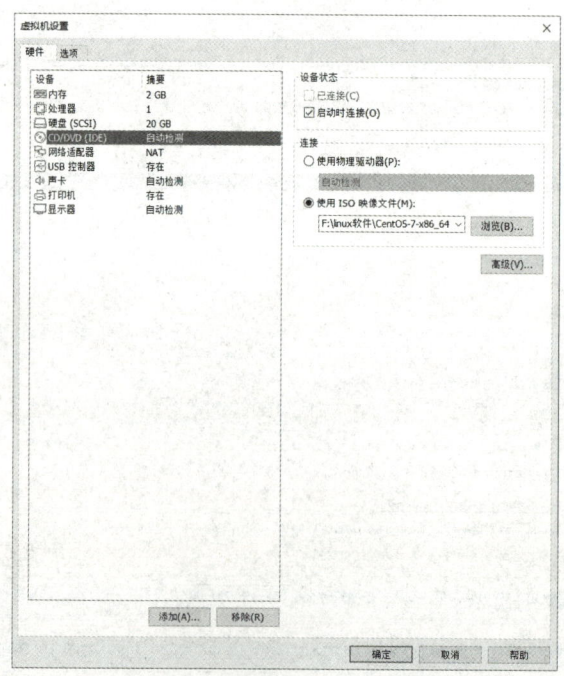

图 1-26　"虚拟机设置"对话框

选择 CentOS 7 虚拟机管理界面中的"开启此虚拟机"选项，进入 CentOS 7 安装界面，如图 1-27 所示。

图 1-27 CentOS 7 安装界面

选择安装操作系统过程中使用的语言，此处选择"简体中文（中国）"选项，设置完成后单击"继续"按钮。

进入"安装信息摘要"界面，在"软件"选区中单击"软件选择"按钮，如图 1-28 所示。

图 1-28 单击"软件选择"按钮

进入"软件选择"界面，先在"基本环境"列表框中选中"带 GUI 的服务器"单选按钮，再单击左上角的"完成"按钮，如图 1-29 所示，返回"安装信息摘要"界面。

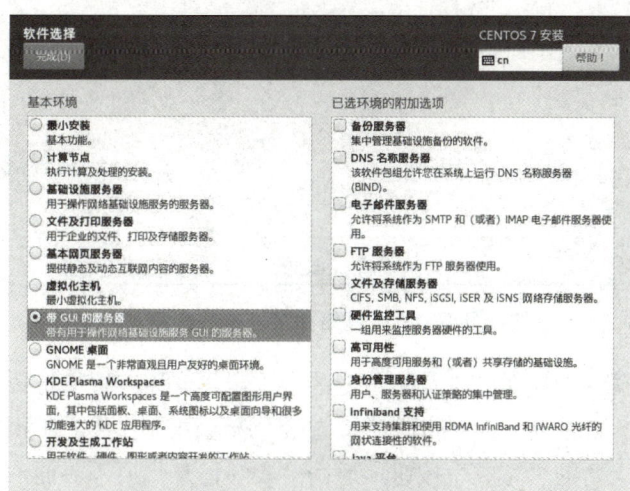

图 1-29 "软件选择"界面

在"安装信息摘要"界面的"系统"选区中单击"网络和主机名"按钮，如图 1-30 所示。

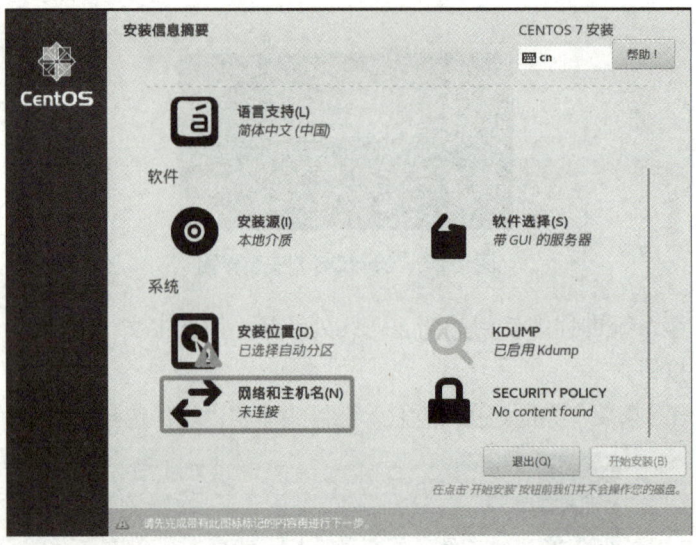

图 1-30　单击"网络和主机名"按钮

进入"网络和主机名"界面，先选择左侧列表框中的"以太网(ens33)"选项，再单击右侧的"打开"按钮，并设置"主机名"为"Linux7-1"，设置完成后单击左上角的"完成"按钮，如图 1-31 所示，返回"安装信息摘要"界面。

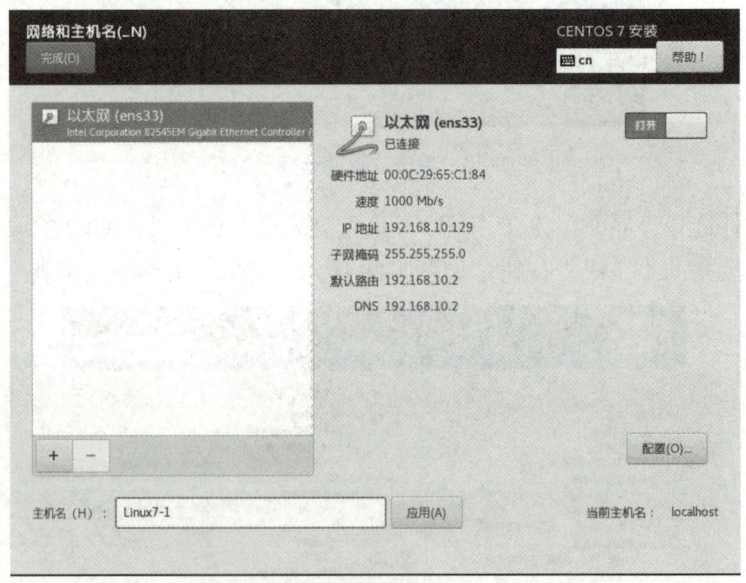

图 1-31　"网络和主机名"界面

在"安装信息摘要"界面的"系统"选区中单击"安装位置"按钮，进入"安装目标位置"界面，如图 1-32 所示。在"其他存储选项"选区中选中"自动配置分区"单选按钮，设置完成后单击左上角的"完成"按钮。返回"安装信息摘要"界面，单击"开始安装"按钮。

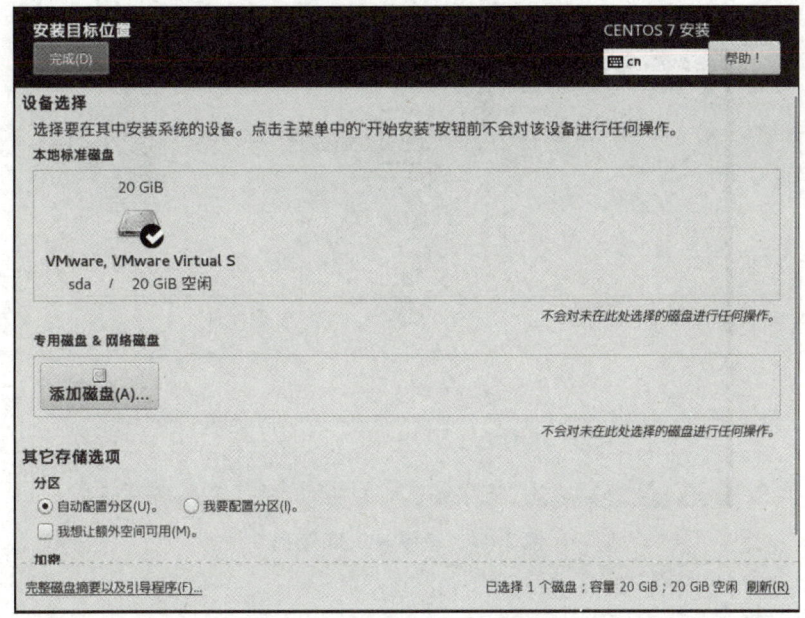

图 1-32 "安装目标位置"界面①

在安装过程中，"配置"界面会显示当前的安装进度，此时，可以设置 ROOT 密码和创建用户，如图 1-33 所示。

图 1-33 "配置"界面

单击"配置"界面中的"ROOT 密码"按钮，在弹出的"ROOT 密码"界面中设置"Root 密码"为"123456"，如图 1-34 所示。设置完成后单击左上角的"完成"按钮，返回"配置"界面。

---

① 图 1-32 中"其它存储选项"的正确写法应为"其他存储选项"。

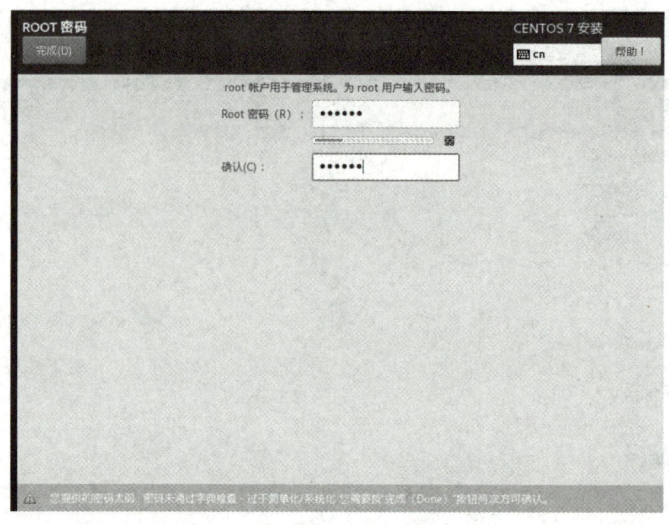

图 1-34　设置 ROOT 密码

【知识小贴士】

在设置 ROOT 密码时，如果密码长度小于 8 位，则会出现警告信息（见图 1-34），在更改成安全级别更高的密码后，警告信息将不再出现。如果想要忽视警告信息，则单击两次左上角的"完成"按钮，也能完成 ROOT 密码的设置。

root 用户是 Linux 操作系统默认的管理员用户，拥有最高的用户权限，但是其操作不当可能导致系统损坏。因此，除了 root 用户还应创建一个或多个普通用户。一般情况下使用普通用户登录系统，并完成日常工作。

系统将应用配置，直到"配置"界面右下角出现"重启"按钮，单击"重启"按钮，如图 1-35 所示。

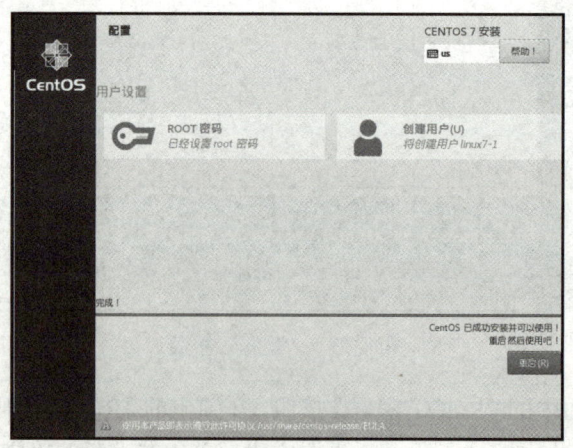

图 1-35　单击"重启"按钮

系统重启后自动进入"初始设置"界面，在该界面中单击"LICENSE INFORMATION"按钮，如图 1-36 所示。

图 1-36 单击"LICENSE INFORMATION"按钮

进入"许可信息"界面，先勾选"我同意许可协议"复选框接受许可证，再单击左上角的"完成"按钮，如图 1-37 所示，返回"初始配置"界面。

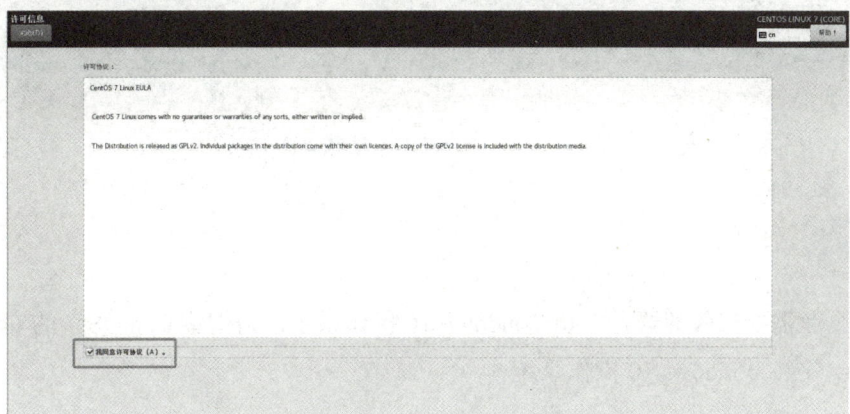

图 1-37 "许可信息"界面

单击"初始配置"界面右下角的"完成配置"按钮，如图 1-38 所示，此时系统重启。

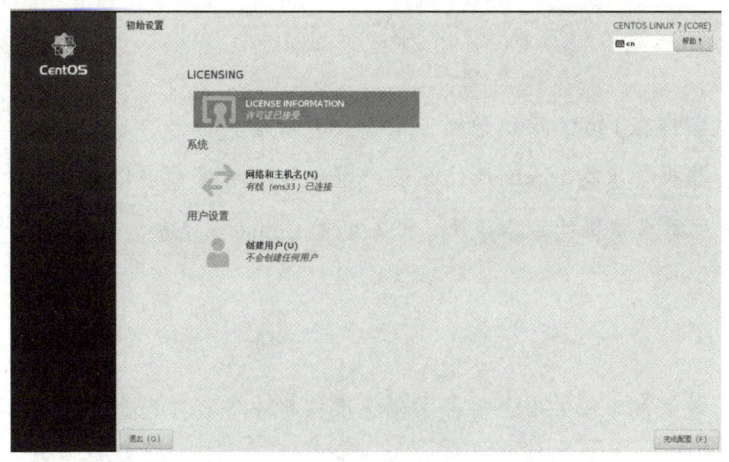

图 1-38 单击"完成配置"按钮

系统重启后，根据系统引导完善相关信息即可出现如图 1-39 所示的 CentOS 7 系统桌面，表示 CentOS 7 安装成功。

图 1-39　CentOS 7 系统桌面

任务拓展

假设企业需要在服务器上安装 Windows 10 操作系统，请借鉴 CentOS 7 的安装步骤，在虚拟机中安装 Windows 10 操作系统。

任务三　重置 root 管理员密码

任务要求

知识要求：掌握在 Linux 操作系统中重置 root 管理员密码的方法。

实施要求：根据要求在 Linux 操作系统中重置 root 管理员密码。

技术要求：熟悉虚拟机的基本应用，具备重置 Linux 操作系统 root 管理员密码的能力。

任务实施

（1）课前，教师发布任务书，要求学生在虚拟机中安装并配置好 Linux 操作系统。

（2）课中，教师对学生的课前任务完成情况进行评讲，并讲解重难点。

（3）课后，学生根据教师评讲巩固学习，熟练掌握 VMware Workstation 虚拟机应用与重置 Linux 操作系统 root 管理员密码的方法。

任务知识

重置 root 管理员密码的步骤：启动系统，进入开机界面，按 "E" 键进入编辑界面。

重置 root 密码

【知识小贴士】

单击图 1-39 中右上角的 "⏻" 按钮可以进行关机、重启。在文本模式下，通过命令提示符使用 logout 命令可以进行注销；使用 reboot 或 shutdown -r now 命令可以进行重启；使用 shutdown -h now 命令可以进行关机。

在编辑界面中，首先将光标移到 "zh_CN.UTF-8" 后面，然后输入 "init=/bin/sh"，如图 1-40 所示。

```
        insmod xfs
        set root='hd0,msdos1'
        if [ x$feature_platform_search_hint = xy ]; then
            search --no-floppy --fs-uuid --set=root --hint-bios=hd0,msdos1 --hin\
t-efi=hd0,msdos1 --hint-baremetal=ahci0,msdos1 --hint='hd0,msdos1'  d5766ba2-f\
804-4906-920f-b120272c1d5e
        else
            search --no-floppy --fs-uuid --set=root d5766ba2-f804-4906-920f-b120\
272c1d5e
        fi
        linux16 /vmlinuz-3.10.0-957.el7.x86_64 root=/dev/mapper/centos_test-ro\
ot ro crashkernel=auto rd.lvm.lv=centos_test/root rd.lvm.lv=centos_test/swap r\
hgb quiet LANG=zh_CN.UTF-8 init=/bin/sh_
        initrd16 /initramfs-3.10.0-957.el7.x86_64.img

        Press Ctrl-x to start, Ctrl-c for a command prompt or Escape to
        discard edits and return to the menu. Pressing Tab lists
        possible completions.
```

图 1-40　输入 "init=/bin/sh"

输入完成后，直接按快捷键 "Ctrl+X" 进入单用户模式。

在光标闪烁的位置输入 "mount -o remount,rw /"（注意：各单词之间有空格），完成后按 "Enter" 键，如图 1-41 所示。

```
[    0.000000] Detected CPU family 6 model 158 stepping 13
[    0.000000] Warning: Intel Processor - this hardware has not undergone upstre
am testing. Please consult http://wiki.centos.org/FAQ for more information
[    2.551676] sd 2:0:0:0: [sda] Assuming drive cache: write through
sh-4.2# mount -o remount,rw /
```

图 1-41　输入 "mount -o remount,rw /"

在新的一行末尾输入 "passwd"，完成后按 "Enter" 键。输入密码后，再次确认密码（温馨提示：密码长度最好为 8 位及以上）。密码修改成功后，会显示 "passwd……" 字样，说明密码修改成功，如图 1-42 所示。

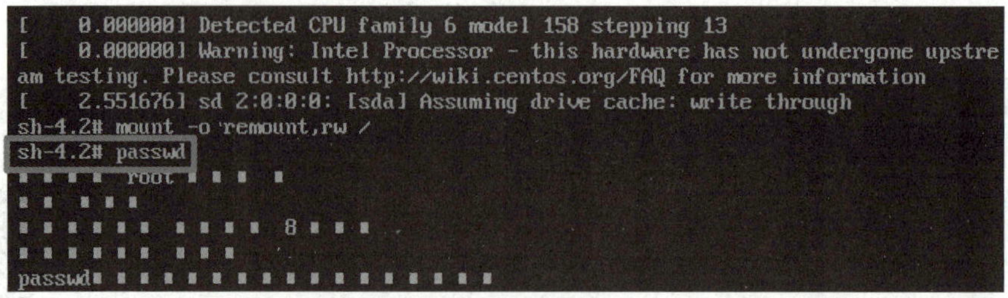

图 1-42 密码修改成功

在光标闪烁的位置（最后一行）输入"touch /.autorelabel"（注意：touch 后面有一个空格），完成后按"Enter"键。

继续在光标闪烁的位置输入"exec /sbin/init"（注意：exec 后面有一个空格），完成后按"Enter"键，如图 1-43 所示。

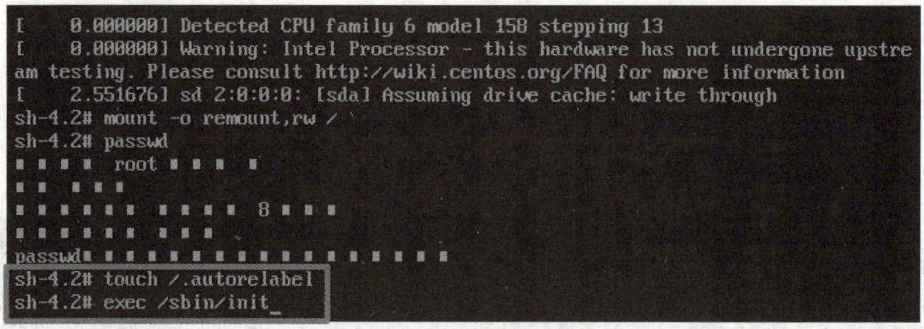

图 1-43 输入"exec /sbin/init"

系统开始自动修改密码（该过程的时间可能有点长，请耐心等待），接着系统会自动重启，新密码随即生效，如图 1-44 所示。

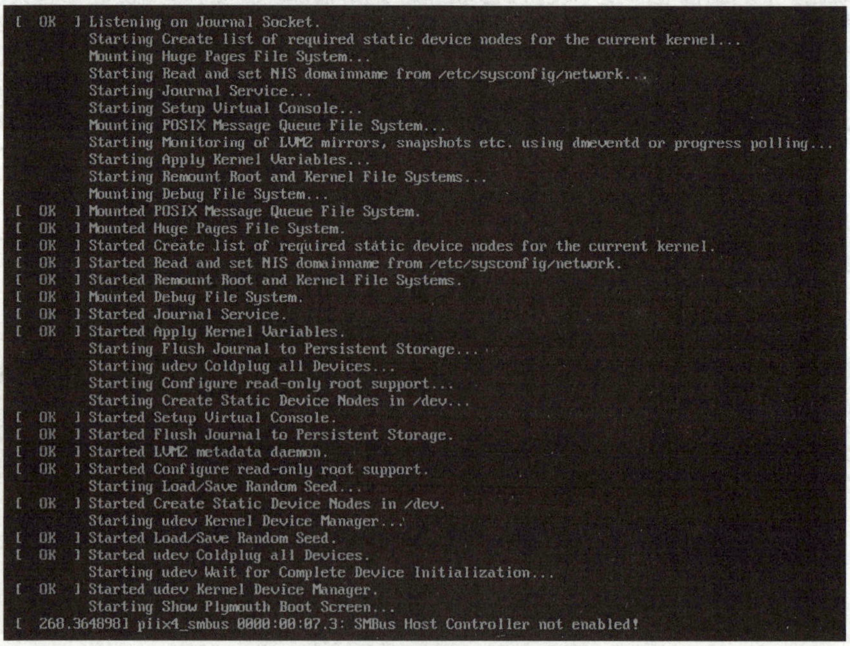

图 1-44 系统开始自动修改密码

重置密码后的登录界面如图 1-45 所示。

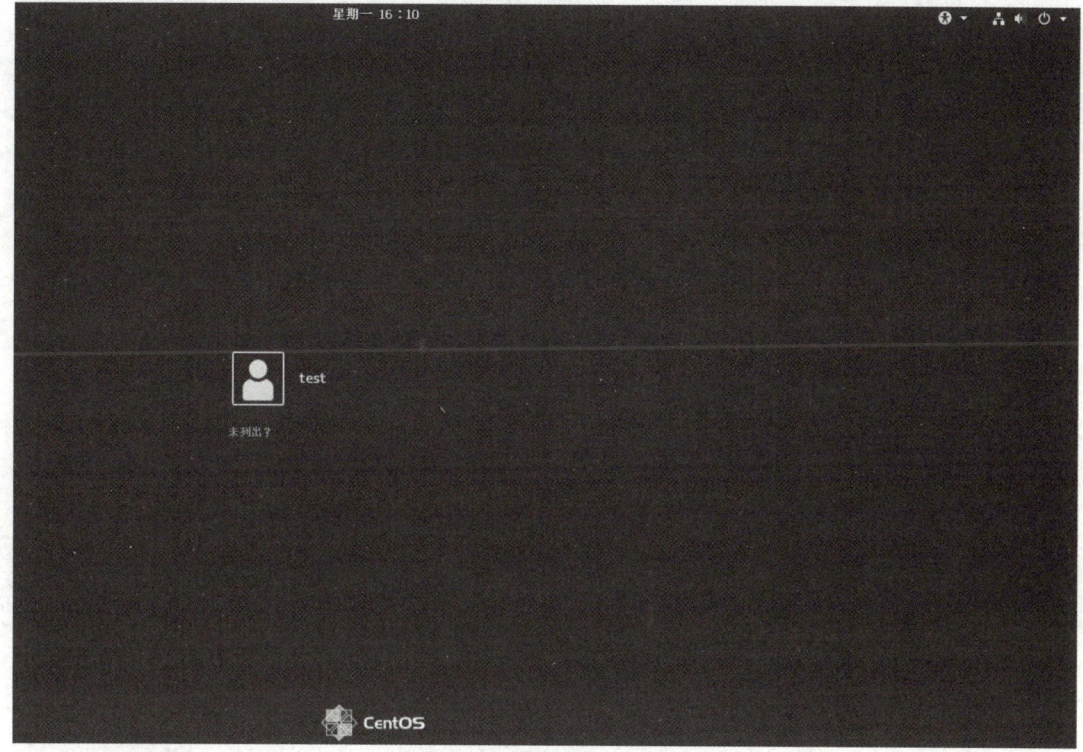

图 1-45　重置密码后的登录界面

项目小结

通过学习本项目，我们了解了 Linux 操作系统的起源，以及 Linux 操作系统的特点，能区分 Linux 操作系统的内核版本和发行版本，掌握了 CentOS 7 的安装方法，并学会了重置 root 管理员密码。

纵观国产操作系统，大多是基于开源的 Linux 内核进行二次开发的，由此看来，从零开始打造一款操作系统的难度相当大。学习和使用 Linux 操作系统能使我们站在巨人的肩膀上，符合未来软件开源的大趋势，是学习者的一个明智选择。但是，学好 Linux 操作系统不是一蹴而就的，只要坚持使用它，多动手实践，就一定会有收获。

提升练习

（1）请查阅拍摄快照的相关资料，对 Linux 操作系统进行备份。
（2）请查阅克隆虚拟机的相关资料，创建一个新的虚拟机 Linux7-2。

项目二 使用基本操作命令

任务一 熟悉 Linux 命令基础

知识要求：

（1）了解命令行界面（CLI）及其优势。

（2）掌握终端的使用方法，以及如何通过终端访问命令行。

（3）熟悉 Linux 命令的结构和特点。

（4）熟悉使用命令行关闭系统、重启系统的操作。

实施要求：

（1）能够熟练打开和操作 Linux 终端。

（2）通过实际操作练习基础命令，加深对命令作用和用法的理解。

技术要求：

（1）掌握命令行的基本操作技巧，包括命令的输入、执行和查看结果。

（2）了解 Linux 命令的结构，以及基本命令、选项和参数的使用。

（3）能够使用命令行完成文件系统导航、文件查看和简单的目录操作。

任务实施

（1）课前，教师发布任务书，要求学生使用 Linux 命令行对服务器进行日常操作与维护；学生根据任务书在线学习相关知识，熟悉使用命令行界面操作 Linux 操作系统的方法。

（2）课中，教师对学生的课前任务完成情况进行评讲。

（3）课后，学生根据教师评讲巩固学习，掌握 Linux 常用命令，完善对 Linux 命令行的操作。

任务知识

知识 1　项目知识准备

Linux 命令是对 Linux 操作系统进行管理的命令。对 Linux 操作系统来说，无论是中央处理器、内存、磁盘驱动器、键盘、鼠标，还是用户，它们都是文件。Linux 命令是 Linux 操作系统正常运行的核心，与 DOS 命令类似。掌握 Linux 命令对于管理 Linux 操作系统是非常必要的。

知识 2　命令行界面（CLI）的基础

Linux 命令行界面（CLI）是一个基于文本的用户界面，它允许用户通过键盘输入命令来控制计算机执行任务。在 Linux 操作系统中，可以使用终端（Terminal）应用程序打开命令行界面。通常，可以在 Linux 发行版本的应用程序菜单中找到终端应用程序，以打开命令行界面；也可以按快捷键"Ctrl+Alt+T"打开命令行界面；还可以在桌面空白处右击，在弹出的快捷菜单中选择"打开终端"命令打开命令行界面。

终端：一个允许用户访问命令行界面的程序。用户可以通过它输入命令、执行程序、查看结果。

shell：一个命令解释器，用于读取用户输入的命令并将其传递给操作系统执行。常见的 shell 是 Bash（Bourne Again SHell）。

知识 3　Linux 命令的结构

在学习 Linux 操作系统时总会涉及大量 Linux 命令。在学习具体的 Linux 命令之前，有必要先了解 Linux 命令的结构。Linux 命令一般包括命令名、选项和参数 3 个部分，其基本语法如下。

命令名　　[选项]　　　[参数]

其中，选项和参数对命令来说都不是必需的。在介绍具体命令的语法时，本书采用统一的表示方法，"[]"括起来的部分表示非必需的内容。

1. 命令名

命令名可以是 Linux 操作系统自带的工具软件、源程序编译后生成的二进制可执行程序；也可以是包含 shell 脚本的文件名。命令名严格区分大小写英文字母，所以 Cd 和 cd 在 Linux 操作系统中是两个完全不同的命令名。

2. 选项

如果只输入命令名，则命令只会实现最基本的功能。如果要执行更高级、更复杂的功能，则必须为命令提供相应的选项。以常用的 ls 命令为例，ls 命令的基本功能是显示某个目录中可显示的内容，即非隐藏的文件和子目录。如果想显示隐藏的文件和子目录，则必须使用"-a"或"--all"选项。其中，"-a"是短格式选项，即减号（短线）后面跟一个字母；"--all"是长格式选项，即两个减号后面跟一个单词。我们可以在一个命令中同时使用多个短格式选项和长格式选项，选项之间使用一个或多个空格分隔。另外，多个短格式选项可以组合使用，组合后只保留一个减号。例如，"-a""-l"两个选项组合后变成"-al"。Linux 命令中选项的基本用法如例 2-1 所示。注意，为节省篇幅，本例省略了 ls 命令的部分输出，本书其余部分也采用了这一做法。

【例 2-1】Linux 命令中选项的基本用法。

```
[root@Linux7-1 ~]# ls                              //只输入命令
anaconda-ks.cfg       公共   视频  文档  音乐
initial-setup-ks.cfg 模板  图片 下载  桌面
[root@Linux7-1 ~]# ls -a                            //短格式选项
.              .bash_profile .dbus            .tcshrc       图片
..             .bashrc       .esd_auth        .Xauthority  文档
anaconda-ks.cfg .cache        .ICEauthority       公共          下载
.bash_history  .config       initial-setup-ks.cfg      模板          音乐
.bash_logout   .cshrc        .local              视频          桌面
[root@Linux7-1 ~]# ls --all                         //长格式选项
.              .bash_profile .dbus            .tcshrc       图片
..             .bashrc       .esd_auth        .Xauthority  文档
[root@Linux7-1 ~]# ls -al                           //组合使用两个短格式选项
总用量 48
drwxr-xr-x. 2 root root    6 3月  18 21:27 公共
drwxr-xr-x. 2 root root    6 3月  18 21:27 模板
```

3. 参数

参数表示命令作用的对象或目标。有些命令不需要使用参数，但有些命令必须使用参数才能正确执行。例如，要想使用 touch 命令创建一个文件，则必须为它提供一个合法的文件名作为参数。如果只输入"touch"而不提供文件名参数，则会收到一个错误提示。Linux 命令中参数的基本用法如例 2-2 所示。

【例 2-2】Linux 命令中参数的基本用法。

```
[root@Linux7-1 ~]# touch                            //不提供参数
touch: 缺少了文件操作数                               //错误提示
Try 'touch --help' for more information.
[root@Linux7-1 ~]# touch file1                      //file1 是文件名
```

如果同时使用多个参数，则各参数之间必须使用一个或多个空格分隔。命令名、选项和参数之间也必须使用空格分隔。另外，选项和参数没有严格的先后顺序要求，甚至可以交替出现，但命令名必须始终写在最前面。

知识 4　使用命令行关闭或重启系统

用户可以在图形用户界面中关闭或重启系统，操作起来很方便；也可以在命令终端中使用 shutdown 命令，以一种安全的方式关闭系统。所谓的"安全的方式"是指所有的登录用户都会收到关闭系统的警告信息，以便这些用户有时间保存正在执行的操作。使用 shutdown 命令可以立即关闭系统，也可以在指定的时间或延迟特定的时间后关闭系统。shutdown 命令的基本语法如下。

```
shutdown [选项] 时间 [警告信息]
```

其中，"选项"可以是以下几种。
- -h：停止系统并关闭电源。
- -r：重启系统。
- -k：发送警告信息，但不会真正关闭系统。
- -c：取消已经发出的 shutdown 命令。

"时间"用于指定关闭系统的具体时间，可以是以下几种格式。
- now：立即执行。
- +m：在当前时间的 m 分钟后执行。
- hh:mm：在指定的小时和分钟执行。

"警告信息"是可选的，用于在关闭系统前向所有用户发送一条消息。

shutdown 命令的基本用法如例 2-3 所示。shutdown 命令可以实现关机或重启系统的功能，而 reboot 命令则主要用于重启系统，这里不再详细介绍其具体的用法。

【例 2-3】shutdown 命令的基本用法。

```
[root@ Linux7-1 ~]# shutdown -h now                    //现在关闭系统
[root@ Linux7-1 ~]# shutdown -h 23:30                  //23:30 关闭系统
[root@ Linux7-1 ~]# shutdown -r +10                    //10 分钟后重启系统
[root@ Linux7-1 ~]# shutdown -h +10 "系统将在 10 分钟后关闭，请保存您的操作！"
```

注意：shutdown 命令在 Linux 操作系统管理中非常有用，特别是在需要计划维护或紧急关闭系统时。通过合理使用该命令，可以确保系统安全、有序地关闭，避免数据丢失和硬件损坏。

知识 5　使用命令行切换用户

本书中的任务经常需要以 root 用户的身份执行，这里先简单演示在命令行中使用 su 命令切换用户的方法，如例 2-4 所示。su 命令后面有一个减号和一个用户名，注意减号左右两边都要有空格。项目四会详细介绍 Linux 用户及其相关知识。

【例 2-4】使用 su 命令切换用户。

```
[test@Linux7-1 root]$ su - root                        //切换到 root 用户
```

```
密码:                                        //在这里输入密码
上一次登录: 二 3月 19 10:14:03 CST 2024pts/1 上
[root@Linux7-1 ~]# exit
退出登录
[test@Linux7-1 root]$                        //用户名变回 test
```

任务拓展

1. 使用 man 命令和--help 选项

（1）演示如何通过 man ls 命令查看 ls 命令的手册页。

（2）展示如何使用 ls --help 命令快速获取命令的使用帮助。

2. 基本命令演练

（1）pwd：显示当前工作目录。

（2）ls：列出目录内容。进一步演示 ls -l、ls -a 等命令。

（3）cd：改变当前目录，包括使用 cd..命令返回上级目录，使用 cd 或 cd~命令返回用户主目录。

任务二　熟练使用文件目录类命令

任务要求

知识要求：

（1）理解文件系统的基本结构及其在 Linux 操作系统中的实现。

（2）掌握常用的文件和目录操作命令，如 pwd、cd。

实施要求：

（1）能够熟练地通过命令行切换、显示当前工作目录。

（2）能够使用命令行对文件和目录进行组织与管理。

技术要求：

（1）熟练使用通配符和路径来指定命令行中的文件和目录。

（2）掌握查看和切换文件路径的命令，如 pwd、cd。

任务实施

（1）课前，学生需要学习文件系统的基本概念和文件目录操作的基本命令；通过在线资源或教材，熟悉 Linux 文件系统的结构。

（2）课中，教师通过实例演示如何使用通配符和路径。

（3）课后，学生根据教师的指导，通过在 Linux 操作系统上实践这些命令，加深理解并掌握它们的使用方法。

任务知识

Linux 是一款支持多用户的操作系统，当多个用户使用同一个系统时，文件权限管理就变得尤为重要，因为这关系到整个 Linux 操作系统的安全性。在 Linux 操作系统中，每个文件都有很多和安全相关的属性，这些属性决定了用户可以对文件执行哪些操作。文件权限管理是难倒一大批 Linux 初学者的"猛兽"，但它又是大家必须掌握的一个重要知识点。能否合理有效地管理文件权限，是评价一个 Linux 系统管理员是否合格的重要标准。

知识 1　文件的基本概念

不管是普通的 Linux 用户，还是专业的 Linux 系统管理员，都无时无刻不在和文件打交道。在 Linux 操作系统中，文件的概念被大大延伸了。除了常规意义上的文件，目录也是一种特殊类型的文件，甚至鼠标、硬盘、打印机等硬件设备也是以文件形式被管理的。本书提到的"文件"，有时专指常规意义上的普通文件，有时指普通文件和目录的统称，有时还可能泛指 Linux 操作系统中的所有内容。

1. 文件类型

Linux 操作系统扩展了文件的概念，将系统管理的所有软件资源和硬件资源都视为文件，这些文件具有不同的类型。在 ls-l 命令的输出中，第 1 列的第 1 个字符表示文件的类型，包括普通文件（-）、目录文件（d）、链接文件（l）、设备文件（b 或 c）、管道文件（p）和套接字文件（s）。

2. 文件名

Linux 操作系统中的文件名与 Windows 操作系统中的文件名有两个非常明显的区别。

（1）Linux 文件名没有"扩展名"的概念，扩展名即通常所说的文件后缀名。对 Linux 操作系统而言，文件的类型和扩展名没有任何关系。例如，Linux 操作系统允许用户把一个文本文件命名为"filename.exe"，或者把一个可执行程序命名为"filename.txt"。尽管如此，最好使用一些约定俗成的扩展名来表示特定类型的文件。

（2）Linux 文件名区分大小写英文字母。例如，在 Linux 操作系统中，"AB.txt""ab.txt""Ab.txt"是不同的文件，但在 Windows 操作系统中，它们是同一个文件。

Linux 文件名的长度最好不要超过 255 字节，且最好不要使用某些特殊的字符，具体字符如下。

```
*  ?  >  <  ;  &  !  [  ]  |  \  '  "  `  (  )  {  }    空格
```

知识 2   文件与目录的常用命令

本书的后续内容会频繁使用与文件和目录相关的命令。如果不了解这些命令的使用方法，则会严重影响后续内容的学习。下面详细介绍与文件和目录相关的常用命令。

1. pwd 命令

Linux 操作系统中有许多命令需要一个具体的目录或路径作为参数。如果没有为这类命令明确指定目录或路径参数，则 Linux 操作系统默认把当前的工作目录指定为参数，或者以当前的工作目录为起点搜索命令所需的其他参数。如果要查看当前的工作目录，则可以使用 pwd 命令。pwd 命令用于显示用户当前的工作目录，在使用该命令时不需要指定任何选项或参数，pwd 命令的基本用法如例 2-5 所示。

【例 2-5】pwd 命令的基本用法。

```
[test@Linux7-1 ~]$ pwd
/home/test
```

用户在终端窗口中登录系统后，默认的工作目录是用户的主目录。在例 2-5 中，test 用户登录系统后的默认工作目录是/home/test。

2. cd 命令

使用 cd 命令可以从一个目录切换到另一个目录，其基本语法如下。

```
cd [目标路径]
```

cd 命令后面的参数表示将要切换到的目标路径，目标路径可以采用绝对路径或相对路径的形式表示。如果 cd 命令后面没有任何参数，则表示切换到当前登录用户的主目录。cd 命令的基本用法如例 2-6 所示，先从/home/test 目录切换到下一级子目录，再返回 test 用户的主目录。

【例 2-6】cd 命令的基本用法。

```
[test@Linux7-1 ~]$ pwd
/home/test                      // 当前的工作目录
[test@Linux7-1 ~]$ cd /tmp/
[test@Linux7-1 tmp]$ pwd
/tmp                            //从当前的工作目录切换到/tmp 目录
[test@Linux7-1 tmp]$ cd         //不加参数，返回 test 用户的主目录
[test@Linux7-1 ~]$ pwd
/home/test                      //从当前的工作目录切换到 test 用户的主目录
[test@Linux7-1 ~]$
```

除了使用绝对路径或相对路径，还可以使用特殊符号表示目标路径，如表 2-1 所示。

表 2-1　表示目标路径的特殊符号

特殊符号	说明	在 cd 命令中的意义
.	小数点	切换到当前路径
..	两个小数点	切换到上级目录
-	减号	切换到最近一次所在的目录
~	波浪线	切换到当前用户的主目录
~用户名	波浪线和用户名	切换到指定用户的主目录

知识 3　目录树与文件路径

1. 目录树

大家可以回想在 Windows 操作系统中管理文件的方式，通常，人们会把文件和目录按照不同的用途存放在 C 盘、D 盘等以不同盘符表示的分区中。而在 Linux 文件系统中，所有的文件和目录都被组织在一个名为"根目录"的节点中，使用"/"表示。在根目录中可以创建子目录和文件，在子目录中还可以继续创建子目录和文件。所有目录和文件形成了一棵以根目录为根节点的倒置的目录树，目录树的每个节点都代表了一个目录或文件，这就是 Linux 文件系统的层次结构，如图 2-1 所示。

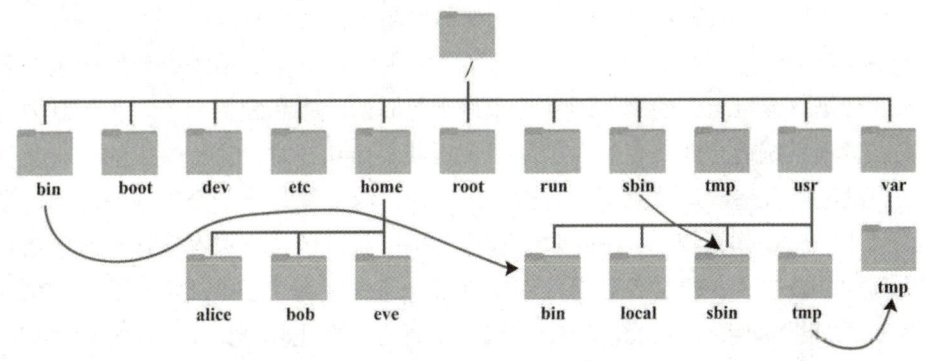

图 2-1 Linux 文件系统的层次结构

其中，主要目录的解释如下。
- /bin：bin 是 Binaries（二进制文件）的缩写，该目录存放着经常使用的命令。
- /boot：该目录存放的是在启动 Linux 操作系统时使用的一些核心文件，包括连接文件和镜像文件等。
- /dev：dev 是 Device（设备）的缩写，该目录存放的是 Linux 操作系统的外部设备。在 Linux 操作系统中，访问设备的方式和访问文件的方式是相同的。
- /etc：etc 是 Etcetera 的缩写，该目录用来存放系统管理需要的所有配置文件和子目录。
- /home：用户的主目录。在 Linux 操作系统中，每个用户都有一个自己的目录，该目录名一般是以用户的账户命名的，如图 2-1 中的 alice、bob 和 eve。

- /lib：lib 是 Library（库）的缩写，该目录存放着系统基本的动态连接共享库，其作用类似于 Windows 操作系统中的 DLL 文件。几乎所有的应用程序都需要用到这些共享库。

- /lost+found：在一般情况下，该目录是空的，当系统非法关闭后，这里就会存放一些文件。

- /media：Linux 操作系统会自动识别一些设备，如 U 盘、光驱等，在识别后，Linux 操作系统会把识别的设备挂载到该目录下。

- /mnt：系统提供该目录是为了让用户临时挂载别的文件系统。我们可以先将光驱挂载到/mnt 目录上，再进入该目录就可以查看光驱中的内容了。

- /opt：opt 是 Optional（可选的）的缩写，该目录用于存放主机额外安装的软件。例如，安装的 Oracle 数据库就可以存放到该目录下。该目录默认是空的。

- /proc：proc 是 Process（进程）的缩写，/proc 是一种伪文件系统（也被称为虚拟文件系统），用于存放当前内核运行状态的一系列特殊文件。该目录是一个虚拟的目录，它是系统内存的映射，我们可以通过直接访问该目录来获取系统信息。该目录的内容不在硬盘中而在内存中，我们可以直接修改里面的某些文件。例如，可以通过下面的命令来屏蔽主机的 ping 命令，使别人无法 ping 你的机器。

```
echo 1 > /proc/sys/net/ipv4/icmp_echo_ignore_all
```

- /root：该目录为系统管理员目录，也被称作超级权限者的用户主目录。

- /run：该目录是一个临时的文件系统目录，主要用于存储系统启动后产生的各种信息和数据。该目录中的文件通常与系统运行时的状态和配置有关。由于其内容通常只在当前系统运行期间有效，因此当重启或关闭系统时，该目录中的所有文件应该被自动删除或清除，以确保系统在下一次启动时能够处于一个干净的状态。在许多现代 Linux 操作系统中，/run 目录被用作一个标准的位置来存储运行时的数据，如进程的 PID 文件、锁文件、套接字文件等，这样做有助于提高系统的可移植性和一致性。如果你的系统中已经存在一个名为/var/run 的目录，则它应该被配置为指向/run 目录，这样做的目的是保持与旧系统的兼容性。因为在早期的系统中，/var/run 目录用来存储类似的运行时的数据。通过让/var/run 目录指向/run 目录，系统管理员和开发者可以更容易地在新、旧系统之间迁移和兼容应用程序。

- /sbin：s 就是 Super User 的意思，是 Superuser Binaries（超级用户的二进制文件）的缩写，该目录存放的是系统管理员使用的系统管理程序。

- /selinux：该目录是 Red Hat/CentOS 所特有的目录，SELinux 是一套安全机制，类似于 Windows 操作系统的防火墙，但是这套机制比较复杂，该目录用来存放与 SELinux 相关的文件。

- /srv：该目录存放着一些服务启动后需要提取的数据。

- /sys：这是 Linux 2.6 内核的一个很大的变化。该目录中安装了 Linux 2.6 内核中新出现的一个文件系统 sysfs。sysfs 文件系统集成了以下 3 种文件系统的信息，即针对进程信息的 proc 文件系统、针对设备的 devfs 文件系统和针对伪终端的 devpts 文件系统。该文件系统是内核设备树的一个直观反映。当一个内核对象被创建时，其对应的文件和目录也在内核对象子系统中被创建。

- /tmp：tmp 是 Temporary（临时的）的缩写，该目录是用来存放一些临时文件的。
- /usr：usr 是 Unix Shared Resource（共享资源）的缩写，这是一个非常重要的目录，用户的很多应用程序和文件都存放在该目录下，类似于 Windows 操作系统中的 program files 目录。
- /usr/bin：该目录存放着系统用户使用的应用程序。
- /usr/sbin：该目录存放着超级用户使用的比较高级的管理程序和系统守护程序。
- /usr/src：该目录是内核源代码默认的放置目录。
- /var：var 是 Variable（变量）的缩写，该目录中存放着在不断扩充着的东西，我们习惯将那些经常被修改的目录放在该目录下，包括各种日志文件。

注意：在 Linux 操作系统中，以下几个目录是比较重要的，平时需要注意不要误删除或随意更改其内部文件。

- /etc：上文也提到了，该目录存放着系统中的配置文件，如果更改了该目录中的某个文件，则可能导致系统不能启动。
- /bin、/sbin、/usr/bin、/usr/sbin：它们是系统预设的执行文件的放置目录，如 ls 就在 /bin/ls 目录下。值得注意的是，/bin、/usr/bin 是给系统用户使用的指令（除 root 用户外的通用用户），而/sbin、/usr/sbin 则是给 root 用户使用的指令。
- /var：这是一个非常重要的目录。如果系统中跑了很多程序，那么每个程序都会产生相应的日志，而这些日志就被记录到该目录下，具体在/var/log 目录下。另外，mail 的预设放置也在该目录下。

2. 文件路径

对于任何一个节点，不管是文件还是目录，只要从根目录开始依次向下展开搜索，就能得到一条到达这个节点的路径。表示路径的方式有两种：绝对路径和相对路径。

绝对路径从根目录"/"写起，使用"/"连接路径上的所有中间节点，后面跟文件名或目录名。例如，对于 bin 目录，它的绝对路径是/usr/bin。因此，在访问 bin 目录中的文件时，可以先从根目录进入一级子目录 usr，再进入二级子目录 bin。每个文件都只有一个绝对路径，且通过绝对路径总能找到这个文件。

由于绝对路径的搜索起点是根目录，因此它总是以"/"开头。和绝对路径不同，相对路径的搜索起点是当前工作目录，因此不必以"/"开头。相对路径表示文件对于当前工作目录的"相对位置"。在使用相对路径查找文件时，直接从当前工作目录开始向下搜索。这里仍以 bin 目录为例，如果当前工作目录是 usr，那么./bin 就足以表示 bin 目录的具体位置。因为进入 usr 目录就可以找到 bin 目录。这里./bin 使用的就是相对路径。同理，如果当前工作目录是 home，那么使用相对路径../usr/bin/也能表示 bin 目录的具体位置。

任务拓展

（1）学习使用 find 命令来搜索文件系统中的文件和目录。

（2）学习使用 grep 命令，并结合正则表达式来搜索文件内容。

任务三　熟练使用系统信息类命令

任务要求

知识要求：掌握使用 dmesg、free、timedatectl、cal、clock 命令来显示和设置系统各种信息的方法。

实施要求：

（1）能够使用命令行查看系统信息。

（2）能够通过命令行调整系统设置。

技术要求：

（1）熟练掌握命令行操作。

（2）理解系统时间和硬件时间的区别与联系。

任务实施

（1）课前，学生通过在线资源或教材，熟悉系统信息类命令，如 dmesg、free、timedatectl、cal、clock 等，以获取系统的详细信息，理解其运行状况。

（2）课中，教师通过实例演示系统信息类命令的操作。

（3）课后，学生根据教师的指导，通过在 Linux 操作系统上实践这些命令，加深理解并掌握它们的使用方法。

任务知识

系统信息类命令是指对系统的各种信息进行显示和设置的命令。

1. dmesg 命令

dmesg 命令使用实例名称和物理名称来标识连接到系统的设备，用于显示系统诊断信息、操作系统版本号、物理内存大小和其他信息，示例代码如下。

```
[root@Linux7-1 ~]# dmesg|more
```

提示：在系统启动时，屏幕上会显示系统 CPU、内存、网卡等硬件信息，但通常显示过程较短，如果用户没有看清，则可以在系统启动后使用 dmesg 命令查看。

2. free 命令

free 命令主要用于查看系统内存、虚拟内存的大小和占用情况，示例代码如下。

```
[root@Linux7-1 ~]# free
             total      used       free     shared  buff/cache  available
Mem:        498676    344700        504       4168      147472     136696
Swap:       839676     10240     829436
```

3. timedatectl 命令

timedatectl 命令对 RHEL 7、CentOS 7 的分布式系统来说，是一个新工具，RHEL 8 仍然沿用该命令。timedatectl 命令作为 systemd 系统和服务管理器的一部分，用于代替旧的、传统的、基于 Linux 分布式系统的 sysvinit 守护进程的 date 命令。

timedatectl 命令用于查询和更改系统时钟与设置，可以使用此命令来设置或更改当前的日期、时间和时区，或者实现与远程 NTP（Network Time Protocol，网络时间协议）服务器的自动系统时钟同步。

显示系统的当前日期、时间和时区等信息，示例代码如下。

```
[root@Linux7-1 ~]# timedatectl status
       Local time: 三 2024-04-10 17:18:07 CST
   Universal time: 三 2024-04-10 09:18:07 UTC
         RTC time: 三 2024-04-10 09:18:05
        Time zone: Asia/Shanghai (CST, +0800)
      NTP enabled: yes
 NTP synchronized: yes
 RTC in local TZ: no
       DST active: n/a
```

实时时钟（Real-Time Clock，RTC），即硬件时钟。

设置当前时区，示例代码如下。

```
[root@Linux7-1 ~]# timedatectl | grep Time                    //查看当前时区
[root@Linux7-1 ~]# timedatectl list-timezones                 //查看所有可用时区
[root@Linux7-1 ~]# timedatectl set-timezone Asia/Shanghai      //修改当前时区
```

设置日期和时间，示例代码如下。

```
[root@Linux7-1 ~]# timedatectl set-time 17:26:40
Failed to set time: Automatic time synchronization is enabled
//这个错误是因为启动了时间同步，改正错误的办法是关闭该 NTP 单元
[root@Linux7-1 ~]# clear
[root@Linux7-1 ~]# timedatectl set-ntp no
[root@Linux7-1 ~]# timedatectl set-time 17:30:30
```

```
[root@Linux7-1 ~]# timedatectl set-time 2024-04-16
[root@Linux7-1 ~]# timedatectl
[root@Linux7-1 ~]# timedatectl set-time "2024-03-18 14:20:58"
[root@Linux7-1 ~]# timedatectl
```

注意：只有 root 用户才可以改变系统的日期和时间。

4. cal 命令

cal 命令用于显示指定月份或年份的日历，可以包含两个参数。其中，年份、月份使用数字表示，当只有一个参数时，该参数表示年份，年份的范围为 1～9999；当不包含任何参数时，cal 命令用于显示当前月份的日历。使用 cal 命令的示例代码如下。

```
[root@Linux7-1 ~]# cal 4 2024
      四月 2024
日 一 二 三 四 五 六
      1  2  3  4  5  6
 7  8  9 10 11 12 13
14 15 16 17 18 19 20
21 22 23 24 25 26 27
28 29 30
```

5. clock 命令

clock 命令用于从计算机的硬件中获取日期和时间，示例代码如下。

```
[root@Linux7-1 ~]# clock
2024 年 04 月 10 日 星期三 17 时 35 分 15 秒  -0.968191 秒
```

任务拓展

1. 系统启动信息分析

目标：使用 dmesg 命令探索系统启动时的硬件和驱动信息。

步骤：

（1）使用 dmesg 命令，并配合使用 more 命令来分页查看输出结果。

（2）识别出与系统 CPU、内存、网卡等硬件相关的启动信息。

（3）使用管道和 grep 命令查找特定的设备信息，如 USB 设备或网络接口卡信息。

2. 内存使用情况监控

目标：通过 free 命令监控系统的内存和交换空间的使用情况。

步骤：

（1）使用 free 命令了解总内存、已用内存、空闲内存等的当前状态。

（2）使用 free -m 或 free -g 命令查看以 MB 或 GB 为单位的内存使用情况。

（3）定期记录内存使用情况，分析系统负载变化。

3. 系统时间管理

目标：使用 timedatectl 命令管理和同步系统时间。

步骤：

（1）使用 timedatectl status 命令查看当前系统时间、时区和 NTP 同步状态。

（2）更改系统时区，如设置为 Asia/Shanghai，并验证更改结果。

（3）尝试手动设置系统时间，并了解在 NTP 启用时如何处理时间同步。

4. 日历和日期管理

目标：使用 cal 和 clock 命令查看日历与系统硬件时间。

步骤：

（1）使用 cal 命令查看当前月份的日历，以及指定年份的日历。

（2）通过 clock 命令获取硬件时钟时间，并将其与系统时间进行比较。

任务四　熟练使用进程管理类命令

任务要求

知识要求：

（1）理解进程的概念，了解进程的关键特征。

（2）掌握使用 ps、pidof、kill、killall、nice、renice、top 命令来监视、控制和调整系统进程的方法。

实施要求：

（1）能够使用命令行监控系统进程和资源占用情况。

（2）能够通过命令行有效管理进程，包括终止进程、调整进程的优先级等。

（3）理解并能够应用进程的前台和后台控制命令，如 jobs、bg、fg。

技术要求：

（1）掌握使用命令行查看和分析系统日志文件的方法，以便快速定位和解决问题。

（2）能够熟练使用文本处理工具（如 grep、sed、awk）对日志文件进行过滤和提取关键信息。

（3）了解并能够应用基本的 shell 脚本编写技巧，实现自动化任务和批量处理。

任务实施

（1）课前，学生通过在线资源或教材熟悉 Linux 进程管理的基本概念和命令，包括进程的特征、生命周期和状态。

（2）课中，教师通过实例演示如何使用 ps、kill、nice、top 等命令来监视和控制进程。

（3）课后，学生根据教师的指导，在 Linux 操作系统上实践这些命令。实践应包括进程的查看、终止、优先级调整等操作，以加深理解并掌握它们的使用方法。

任务知识

知识 1　进程的概念

进程（Process）是计算机中的一个核心概念，它指的是程序在某个数据集合上的一次运行活动，是操作系统进行资源分配和调度的基本单位。每个进程都拥有自己的地址空间，包括文本区域、数据区域和堆栈区域，分别用于存储执行的代码、动态分配的内存和活动过程中的调用指令。

进程具有以下关键特征。

- 动态性。进程是程序的一次执行过程，具有生命周期，从创建产生，到调度执行，再到因资源不足而暂停，最终撤销消亡。
- 并发性。允许多个进程同时执行，提高了系统的资源利用率和响应速度。
- 独立性。进程作为系统资源分配和调度的基本单位，每个进程都独立于其他进程运行。
- 结构性。进程通常由 3 个部分组成，包括负责执行指令的程序、存储数据的数据空间，以及包含进程信息的进程控制块（PCB）。

在传统的操作系统中，进程既是基本的分配单元，又是基本的执行单元。而在现代的操作系统中，虽然线程作为更小的执行单位被引入，但进程仍然是操作系统结构的基础，是多道程序系统出现后，为了描述系统内部动态情况而被引入的关键概念。简而言之，进程是操作系统中最基本、最重要的概念之一，它不仅代表了程序的一次动态执行过程，还体现了计算机系统的动态性、并发性和独立性等关键特征。

知识 2　常用的进程管理类命令

1. ps 命令

ps 命令是一个非常强大的命令，可以用来查看系统中正在运行的进程或程序的详细信息，包括进程号（Process Identifier, PID）、CPU 占用率、内存使用情况等，该命令的语法格式如下。

```
ps [选项]
```

ps 命令是一个不含任何参数的简单命令，其默认行为是列出当前登录用户的所有进程。可以通过添加不同的选项来修改 ps 命令的行为，下面介绍一些 ps 命令的常用选项及其用途。

- -a：显示当前控制终端的进程（包含其他用户的）。

- -u：显示进程的用户名和启动时间等信息。
- -w：宽行输出，不截取输出中的命令行。
- -l：按长格形式显示输出。
- -x：显示没有控制终端的进程。
- -e：显示所有的进程。
- -f：显示完整的进程信息。
- -tn：显示第 n 个终端的进程。

使用 ps 命令的示例代码如下。

```
[root@Linux7-1 ~]# ps -au
USER   PID  %CPU  %MEM  VSZ     RSS    TTY   STAT  START   TIME  COMMAND
root  1442  0.0   2.4   279708  12148  tty1  Ssl+  4月10   0:02  /usr/bin/X:0
-ba
root  1855  0.0   0.5   116328  2724   pts/0 Ss    4月10   0:00  -bash
root  7176  0.0   0.3   155448  1868   pts/0 R+    01:09   0:00  ps -au
```

提示：ps 命令通常和重定向、管道等命令一起使用，用于查找所需的进程。输出结果中第一行的中文解释为进程的所有者、进程号、CPU 占用率、物理内存占用率、虚拟内存使用量（单位是 KB）、占用的实际物理内存量（单位是 KB）、运行该进程的终端、所在终端的进程状态、该进程的启动时间、该进程占用 CPU 的运算时间（不是系统时间）、命令名称与参数等。

2. pidof 命令

pidof 命令用于查询某个指定服务进程的 PID，该命令的语法格式如下。

```
pidof [选项] [服务名称]
```

由于每个进程的 PID 是唯一的，因此可以通过 PID 来区分不同的进程。例如，可以使用如下命令查询本机中 sshd 服务程序的 PID。

```
[root@Linux7-1 ~]# pidof sshd
1849 1177
```

3. kill 命令

前台进程在运行时，可以按快捷键"Ctrl+C"来终止它，但后台进程无法使用这种方法进行终止，此时可以使用 kill 命令向后台进程发送强制终止信号，以达到目的，示例代码如下。

```
[root@Linux7-1 ~]# kill -l
 1) SIGHUP      2) SIGINT      3) SIGQUIT     4) SIGILL     5) SIGTRAP
 6) SIGABRT     7) SIGBUS      8) SIGFPE      9) SIGKILL   10) SIGUSR1
11) SIGSEGV    12) SIGUSR2    13) SIGPIPE    14) SIGALRM   15) SIGTERM
16) SIGSTKFLT  17) SIGCHLD    18) SIGCONT    19) SIGSTOP   20) SIGTSTP
```

```
21) SIGTTIN     22) SIGTTOU       23) SIGURG       24) SIGXCPU       25) SIGXFSZ
26) SIGVTALRM   27) SIGPROF       28) SIGWINCH     29) SIGIO         30) SIGPWR
31) SIGSYS      34) SIGRTMIN      35) SIGRTMIN+1   36) SIGRTMIN+2    37) SIGRTMIN+3
38) SIGRTMIN+4  39) SIGRTMIN+5    40) SIGRTMIN+6   41) SIGRTMIN+7    42) SIGRTMIN+8
43) SIGRTMIN+9  44) SIGRTMIN+10   45) SIGRTMIN+11  46) SIGRTMIN+12  47) SIGRTMIN+13
48) SIGRTMIN+14 49) SIGRTMIN+15   50) SIGRTMAX-14  51) SIGRTMAX-13  52) SIGRTMAX-12
53) SIGRTMAX-11 54) SIGRTMAX-10   55) SIGRTMAX-9   56) SIGRTMAX-8   57) SIGRTMAX-7
58) SIGRTMAX-6  59) SIGRTMAX-5    60) SIGRTMAX-4   61) SIGRTMAX-3   62) SIGRTMAX-2
63) SIGRTMAX-1  64) SIGRTMAX
```

上述命令用于显示 kill 命令能够发送的信号类型，每个信号都有一个对应数值。例如，SIGKILL 信号的对应数值为 9。kill 命令的语法格式如下。

```
kill [选项] 进程1 进程2 …
```

-s 选项后面一般为信号的类型。

使用 kill 命令的示例代码如下。

```
[root@Linux7-1 ~]# ps
  PID TTY          TIME CMD
 1855 pts/0    00:00:00 bash
 7322 pts/0    00:00:00 ps
[root@Linux7-1 ~]# kill -s SIGKILL 1855  //或者 kill -9 1855
```

4. killall 命令

killall 命令用于终止某个指定名称的服务程序对应的全部进程，该命令的语法格式如下。

```
killall [选项] [进程名称]
```

通常来讲，复杂软件的服务程序会有多个进程协同为用户提供服务，逐个结束这些进程会比较麻烦，此时可以使用 killall 命令来批量结束某个服务程序对应的全部进程。下面以 sshd 服务进程为例，介绍 killall 命令的用法。

```
[root@Linux7-1 ~]# pidof sshd
1849 1177
[root@Linux7-1 ~]# killall -9 sshd
[root@Linux7-1 ~]# pidof sshd
```

注意：如果有些命令在执行时不断地在屏幕上弹出信息，影响后续命令的输入，则可以在要执行的命令末尾添加一个 "&" 符号，这样命令将在系统后台执行。

5. nice 命令

nice 命令用于为正在运行的进程设置或显示优先级，有助于控制进程在 CPU 中的执行优先级。Linux 操作系统中有两个和进程有关的优先级，使用 ps -l 命令可以看到这两个优先级：PRI 和 NI。

PRI 值是进程实际的优先级，它是由操作系统动态计算的。该优先级的计算和 NI 值有关。NI 值可以被用户更改，NI 值越大，优先级越低。一般用户只能增大 NI 值，只有超级用户才能减小 NI 值。NI 值改变后，会影响 PRI 值。优先级高的进程将被优先运行，在默认情况下，进程的 NI 值为 0。

nice 命令的语法格式如下。

```
nice -n 程序名    //以指定的优先级运行程序
```

其中，n 表示 NI 值，正值表示 NI 值增大，负值表示 NI 值减小。

使用 nice 命令的示例代码如下。

```
[root@Linux7-1 ~]# nice --2 ps -l
F S   UID   PID  PPID  C PRI  NI ADDR SZ WCHAN   TTY          TIME CMD
4 S     0  1891  1871  0  80   0 - 29082 do_wai pts/0      00:00:00 bash
4 R     0  1947  1891  0  78  -2 - 38331 -       pts/0      00:00:00 ps
```

6. renice 命令

renice 命令是通过进程号来改变进程优先级的，该命令的语法格式如下。

```
renice -n 进程号
```

其中，n 表示修改后的 NI 值。

使用 renice 命令的示例代码如下。

```
[root@Linux7-1 ~]# ps -l
F S   UID   PID   PPID  C PRI  NI ADDR SZ WCHAN   TTY         TIME    CMD
4 S     0  1891  1871  0  80   0 - 29082 do_wai  pts/0     00:00:00  bash
0 R     0  1965  1891  0  80   0 - 38331 -       pts/0     00:00:00  ps
[root@Linux7-1 ~]# renice -6 1891
1891 (进程 ID) 旧优先级为 0，新优先级为 -6
[root@Linux7-1 ~]# ps -l
F S   UID   PID   PPID  C PRI  NI ADDR SZ WCHAN   TTY         TIME    CMD
4 S     0  1891  1871  0  74  -6 - 29082 do_wai  pts/0     00:00:00  bash
0 R     0  1975  1891  0  74  -6 - 38331 -       pts/0     00:00:00  ps
```

7. top 命令

和 ps 命令不同，top 命令可以实时监控进程的状况。top 命令界面自动每 5s 刷新一次，可以使用 top -d 20 命令，使得 top 命令界面每 20s 刷新一次。

8. jobs、bg、fg 命令

jobs 命令用于查看在后台运行的进程，示例代码如下。

```
[root@Linux7-1 ~]# find / -name h*    //立即按快捷键 "Ctrl+Z" 将当前命令暂停
```

```
/dev/hpet
/proc/bus/input/handlers
/proc/sys/dev/hpet
^Z
[1]+  已停止              find / -name h*
[root@Linux7-1 ~]# jobs
[1]+  已停止              find / -name h*
```

bg 命令用于把进程放到后台运行，示例代码如下。

```
[root@Linux7-1 ~]# bg %1
```

fg 命令用于把在后台运行的进程调到前台，示例代码如下。

```
[root@Linux7-1 ~]# fg %1
```

任务拓展

1. 进程监控实战

选择一个或多个系统上正在运行的服务或者应用程序，使用 top 命令持续监控它们的资源占用情况。记录观察到的 CPU 和内存占用变化，并分析可能的原因。

2. 进程优先级调整实验

使用 nice 和 renice 命令对特定进程进行优先级调整，观察并记录优先级变化对进程运行和系统资源分配的影响。

3. 进程信号控制练习

练习使用 kill 命令发送不同的信号给进程，如 SIGSTOP、SIGCONT 和 SIGKILL。记录每种信号对进程状态的影响，并讨论何时适合使用这些信号。

任务五　熟练使用其他常用命令

任务要求

知识要求：

（1）掌握 Linux 操作系统中的其他常用命令，包括文本处理命令（grep、sed、awk）、文件查找命令（find、locate）、压缩与解压缩命令（tar、gzip）、网络诊断命令（ping、netstat、traceroute）等。

（2）了解这些命令的基本用途和常见用法。

实施要求：

（1）能够使用命令行进行高效的文本处理和数据分析。

（2）能够熟练使用文件查找命令快速定位文件和目录。

（3）能够使用网络诊断命令进行基本的网络故障排查。

技术要求：

（1）至少掌握一种文本处理工具（如 grep、sed、awk 命令）和一种数据分析工具（如 R、Python 的 Pandas 库），并且能够熟练运用它们进行数据的提取、清洗、转换和统计分析。

（2）在查找文件方面，除了能够熟练使用基本的 find、locate 等命令，还需要掌握如何根据文件名、文件内容、文件属性等条件进行精确查找，以及如何结合正则表达式进行复杂匹配。

（3）对于网络故障排查，除了能够使用 ping、netstat、traceroute 等基本的网络诊断命令，还需要了解 TCP/IP 协议栈的工作原理，能够识别并解释常见的网络协议包，以及运用网络抓包工具（如 Wireshark）进行深入的故障分析。

任务实施

（1）课前，学生通过在线资源或指定教材熟悉上述命令的基础知识。教师准备相关命令的实例演示，包括命令的基本用法和常见问题的解决策略。

（2）课中，教师通过实例详细讲解每个命令的功能和用法。学生在操作时，教师提供及时的反馈和指导。

（3）课后，学生根据教师提供的练习题进行练习，包括模拟场景下的命令使用。提交练习结果，教师进行评估并提供反馈。

任务知识

知识 1　文本处理命令

（1）grep 命令：用于搜索文件中符合条件的字符串。

语法格式如下。

```
grep [选项] [模式] [文件名]
```

示例代码如下。

```
grep "example" filename.txt
```

其作用是搜索 filename.txt 文件中包含"example"的行。

注意事项：在使用正则表达式时，确保模式匹配正确，避免使用过宽的模式导致过多无关输出。

（2）sed 命令：用于文本的处理和编辑。

语法格式如下。

```
sed [选项] '命令' [输入文件]
```

示例代码如下。

```
sed 's/old/new/g' filename.txt
```

其作用是将 filename.txt 文件中所有的"old"替换为"new"。

注意事项：sed 命令默认不修改文件，除非使用-i 选项进行编辑。

（3）awk 命令：强大的文本分析工具。

语法格式如下。

```
awk '模式 {动作}' [文件名]
```

示例代码如下。

```
awk '/example/ {print $0}' filename.txt
```

其作用是打印 filename.txt 文件中包含"example"的所有行。

注意事项：理解 awk 命令的字段和记录分隔符，默认空格和换行。

知识 2　文件查找命令

（1）find 命令：用于在指定目录下查找文件。

语法格式如下。

```
find [路径] [选项] [动作]
```

示例代码如下。

```
find /home -name "*.txt"
```

其作用是在/home 目录及其子目录下查找所有扩展名为".txt"的文件。

注意事项：对于大型文件系统，find 命令的执行时间可能较长。

（2）locate 命令：利用已建立的数据库查找文件，速度较快。

语法格式如下。

```
locate [选项] [模式]
```

示例代码如下。

```
locate pattern
```

其作用是查找包含"pattern"的文件路径。

注意事项：locate 命令依赖已建立的数据库，数据库的更新问题可能导致查找结果不是最新的。

知识 3　压缩与解压缩命令

（1）tar 命令：用于压缩文件。

语法格式如下。

```
tar [选项] [文件]
```

示例代码如下。

```
tar -cvf archive.tar *.txt
```

其作用是将所有扩展名为 ".txt" 的文件压缩成 archive.tar。

注意事项：理解不同选项的意义，如-c 选项用于创建文件，-v 选项用于显示过程，-f 选项用于指定文件名。

（2）gzip 命令：用于压缩文件。

语法格式如下。

```
gzip [选项] [文件]
```

示例代码如下。

```
gzip filename
```

其作用是压缩 filename 文件，并将该文件替换为 filename.gz。

注意事项：默认删除原文件，使用-k 选项可保留原文件。

知识 4　网络诊断命令

（1）ping 命令：用于检测网络连接。

语法格式如下。

```
ping [选项] [目标]
```

示例代码如下。

```
ping -c 4 hxedu.com.cn
```

发送 4 个 ICMP 回显请求到 hxedu.com.cn 中。

注意事项：在 ping 无法到达目标时会有不同的输出，需要正确解读。

（2）netstat 命令：用于显示网络的相关信息，如网络连接、路由表、接口状态。

语法格式如下。

```
netstat [选项]
```

示例代码如下。

```
netstat -tulpen
```

其作用是显示所有活跃的监听端口及其对应的程序。

注意事项：可能需要管理员权限来查看所有用户的网络状态。

（3）traceroute 命令：用于显示数据包到达主机所经过的路由。

语法格式如下。

```
traceroute [选项] [目标]
```

示例代码如下。

```
traceroute hxedu.com.cn
```

其作用是显示数据包到达 hxedu.com.cn 的路径。

注意事项：如果输出结果中出现"*"，则表示超时，可能是路由不响应 ICMP。

任务拓展

1. 深入探索

（1）配合使用复杂的 grep 命令和正则表达式进行高级文本搜索。

（2）使用 find 命令进行高效的文件操作。

2. 实际应用场景模拟

（1）配合使用 tar 和 gzip 命令进行大规模的文件备份。

（2）模拟网络故障排查环节，使用 traceroute 和 ping 命令分析网络问题。

项目小结

在项目二中，我们学习了关于 Linux 基本命令的操作技巧，从理解命令行界面到实际使用各种文件和系统管理命令。本项目的目的是使学生能够熟练地使用 Linux 终端进行日常操作和系统维护，总结如下。

- 掌握命令行界面（CLI）的相关知识，并了解 CLI 在某些场景下的优势。
- 成功学习如何启动和使用 Linux 终端，包括基本的命令输入、执行和结果查看。
- 熟悉 Linux 命令的结构，包括命令名、选项和参数，以及如何通过终端执行程序并查看操作结果。
- 通过具体实例，如使用 shutdown 命令关闭和重启系统，加深学生对命令功能和应用的理解。
- 掌握文件系统的基本结构及其在 Linux 操作系统中的实现，理解文件和目录操作命令的重要性。
- 学习和应用常用的文件与目录操作命令，如 ls、cd。
- 学会使用 dmesg、free、timedatectl、cal、clock 等命令来显示和设置系统的各种信息。

• 掌握如何使用命令行查看系统信息，以及如何通过命令行调整系统设置。

通过学习本项目，不仅提高了学生对 Linux 操作系统基本命令的理解和应用能力，还增强了其解决实际问题的能力，从而使其能够熟练地通过命令行界面对服务器进行日常操作和维护，为进一步的学习和未来的工作打下坚实的基础。

提升练习

1. 综合文件操作技巧

目标：通过命令行，并配合使用多个文件和目录命令来解决实际问题。

假设你的工作目录/home/username/projects 中包含多个项目文件夹，且每个项目文件夹中有多种类型的文件。任务如下。

（1）查找所有名为 data 的目录，并列出这些目录中所有扩展名为 ".csv" 的文件的完整路径。

（2）将这些扩展名为 ".csv" 的文件复制到/home/username/csv_archives 目录中，在文件名中加上原始路径信息以避免重名。

（3）压缩 csv_archives 目录并将其移动到/home/username/backups 目录中。

操作步骤如下。

（1）配合使用 find 和 grep 命令进行文件查找。

（2）查阅相关资料，使用 cp 和 mkdir 命令分别进行文件复制与目录创建。

（3）使用 tar 命令进行文件压缩和移动。

2. 系统信息与网络诊断

目标：综合运用系统信息类命令和网络诊断命令，以解决实际的系统监控和网络问题。

你需要检查 Linux 服务器的健康状况，并确保网络连接稳定。任务如下。

（1）使用 top 命令监控系统的 CPU 和内存使用情况，找出资源消耗最多的 5 个进程。

（2）使用 nctstat 命令监测当前所有 TCP 连接，并找出状态为 LISTEN 的服务。

（3）使用 traceroute 命令检查计算机到 www.hxedu.com.cn 的网络路径，并确定网络路径中的任何潜在延迟点。

操作步骤如下。

（1）使用 top 命令的过滤和排序功能。

（2）使用 netstat 命令的适当选项进行筛选。

（3）使用 traceroute 命令并分析输出结果。

3. 高级文本处理

目标：使用 grep、sed 和 awk 高级文本处理命令来处理与分析日志文件。

给定一个 Web 服务器日志文件/var/log/nginx/access.log，执行以下任务。

（1）使用 grep 命令查找所有包含 404 错误的日志行。

（2）使用 sed 命令将所有包含特定 IP 地址 192.168.1.100 的日志行中的 IP 地址替换为 192.168.1.255。

（3）使用 awk 命令统计每个 IP 地址的访问次数，并打印出访问次数最多的 5 个 IP 地址。

操作步骤如下。

（1）使用 grep 命令进行模式匹配。

（2）使用 sed 命令进行内容替换。

（3）使用 awk 命令进行数据统计和处理。

项目三　使用 vim 编辑器与 shell

任务一　熟练使用 vim 编辑器

任务要求

知识要求：

（1）理解 vim 的多模式编辑理念，包括命令模式、输入模式和底线命令模式。

（2）熟悉 vim 的工作模式。

（3）利用 vim 的扩展插件提高编辑效率。

实施要求：

（1）能够使用 vim 创建和管理文档结构，包括段落、标题和列表。

（2）在 vim 中进行程序代码的编辑，应用语法高亮和代码格式化功能。

（3）使用 vim 的高级功能，如分屏、标签页和宏录制。

技术要求：

（1）熟练掌握 vim 的快捷键操作。

（2）配置个性化的 vim 环境，通过 .vimrc 文件调整设置。

（3）熟练使用 vim。

任务实施

（1）课前，学生需要通过预分配的教材学习 vim 的基本命令。

（2）课中，教师演示 vim 的常用命令和技巧，解答学生的问题。

（3）课后，学生完成指定的练习，如编辑配置文件和编写简单的脚本。

任务知识

知识 1　vim 概述

vim 是一个由 vi 发展而来的文本编辑器，具有丰富的代码补全、编译及错误跳转等方便编程的功能，被程序员广泛使用，并与 Emacs 并列成为类 UNIX 操作系统用户十分喜欢的文本编辑器。

vim 的设计理念是命令的组合。用户在学习了各种各样的文本间移动/跳转的命令和其他编辑命令后，如果能灵活地组合使用这些命令，则相较于使用那些没有模式的编辑器，使用 vim 能够更有效地进行文本编辑。vim 与很多快捷键设置和正则表达式类似，可以辅助记忆，并且 vim 针对程序员做了优化。

知识 2　vim 的发展历程

Bram Moolenaar 在 20 世纪 80 年代末购入 Amiga 计算机时，发现 Amiga 上没有他最常用的编辑器 vi。因此，Bram Moolenaar 从一个开源的 vi 复制版本 Stevie 开始，开发了 vim 的 1.0 版本，他最初的目标只是完全复制 vi 的功能。那时的 vim 是 Vi IMitation（模拟）的简称。1991 年，vim 1.14 版被"Fred Fish Disk #591"，即被 Amiga 使用的免费软件集收录了。1992 年，vim 1.22 版被移植到 UNIX 和 MS-DOS 上。从那个时候开始，vim 的全名就变成 Vi IMproved 了。

在这之后，vim 加入了不计其数的新功能。作为第一个里程碑的是，1994 年的 vim 3.0 版加入了多视窗编辑模式（分割视窗）。从那之后，同一个屏幕可以显示多个编辑文件。1996 年发布的 vim 4.0 版是第一个利用图形用户界面(GUI)的版本。1998 年，vim 5.0 版加入了 highlight（语法高亮）功能。2001 年，vim 6.0 版加入了代码折叠、插件、多国语言支持、垂直分割视窗等功能。2006 年 5 月发布的 vim 7.0 版加入了拼写检查、上下文相关补充、标签页编辑等新功能。2008 年 8 月，vim 发布了 vim 7.2 版，该版本合并了 vim 7.1 版以来的所有修正补丁，并且提供了对脚本中浮点数的支持。2010 年 8 月 15 日，历时两年，vim 又发布了 vim 7.3 版，该版本修复了前面版本的一些 Bug，同时添加了一些新的特征，比前面几个版本更加优秀。

经过 10 年的发展，vim 终于发布了一个新的大版本 8.0，结束了从 2006 年 5 月开始的 7.0 版时代。虽然这 10 年间 vim 一直在不断更新，从 7.0 版到 7.4 版，每隔一两年或两三年就会发布小版本，但是这次 8.0 版的更新带来了不少新的特性。

2018 年，vim 发布了 vim 8.1 版，vim 8.1 版的主要新功能是支持在 vim 窗口中运行终端，它建立在 vim 8.0 版中添加的异步功能之上。终端窗口可用于多种用途，也可用于测试，以获取屏幕截图并将其与预期状态进行比较。这允许测试交互式操作，如弹出菜单。

2023 年 1 月，vim 推出了 9.0.1160 版，修复了 ufunc_T 错误分配大小的 ASAN 错误。

知识 3　vim 的优点

1. 高效率移动

（1）在使用 vim 的过程中，推荐用户尽可能少地停留在输入模式中，因为处于输入模式的 vim 就像一个"哑巴"编辑器一样。vim 的强大之处在于它的命令模式。

（2）使用"h""j""k""l"键：使用 vim 高效率编辑的第一步就是放弃使用箭头键。使用 vim 就不用频繁地在箭头键和字母键之间切换使用了，这会节省很多时间。当 vim 处于命令模式时，可以使用"h""j""k""l"键来分别实现左、下、上、右箭头键的功能。

（3）在当前行内，许多编辑器仅提供了基础命令来控制光标的移动，如向左、向上、向右、向下移动，以及移动到行首或行尾等，而 vim 提供了很多强大的命令来控制光标的移动。当光标从一点移动到另一点时，这两点之间的文本（包括这两点）被称作"跨过"，这里的命令也被称作 motion。

2. 高效地输入

（1）vim 配备了一个极为出色的关键词自动完成功能。在使用这一功能时，用户只需要先输入开始的几个字母，再按快捷键"Ctrl+N"或快捷键"Ctrl+P"查找想要的词。如果 vim 没有给出想要的词，则用户可以继续按快捷键"Ctrl+N"或快捷键"Ctrl+P"，vim 会一直循环显示它找到的匹配的字符串。

（2）vim 提供了很多进入输入模式的命令。

（3）可以使用可视选择（Visual Selections）模式和其他合适的选择模式有效地移动大段的文本。不像最初的 vi，vim 允许高亮（选择）一些文本并对其进行操作。

（4）在可视选择模式下剪切和粘贴。

（5）粘贴很简单（按"P"键）。

（6）很多编辑器都只提供了一个剪贴板，而 vim 提供了很多。剪贴板在 vim 中被称为寄存器（Registers）。用户可以使用":reg"命令列出当前定义的所有寄存器的名称和它们的内容。最好使用小写字母作为寄存器的名称，因为有些包含大写字母的名称被 vim 占用了。

（7）在使用 vim 时，为了避免重复输入相同的命令，可以通过输入一个小数点（.）来实现。具体来说，当用户在 vim 中执行了一个命令后，如果需要再次执行相同的命令，则只需输入一个小数点，vim 就会自动重复执行上一个命令。这个功能可以大大提高编辑效率，尤其是在需要多次执行相同命令的情况下。

（8）使用数字也是 vim 强大且很节省时间的重要特性之一。在很多 vim 的命令之前都可以使用一个数字。

知识 4　启动与退出 vim

在命令行界面的提示符后面输入"vim"和目标文件的名称，即可启动 vim，vim 的编辑环境如图 3-1 所示。示例代码如下。

```
[root@Linux7-1 ~]# vim myfile
```

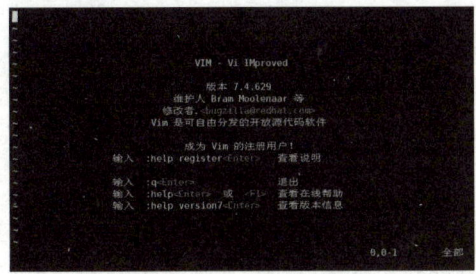

图 3-1　vim 的编辑环境

在命令模式下（初次进入 vim 且不进行任何操作会处于命令模式）输入:q、:q!、:wq 或 :x 命令（注意是 ":"）并按 "Enter" 键，就会退出 vim。其中，:wq 和:x 命令用于存盘退出，而:q 命令用于直接退出。如果文件已有新的变化，则 vim 会提示用户保存文件，:q 命令也会失效，这时可以使用:w 命令保存文件并使用:q 命令退出，或者使用:wq 或:x 命令退出。如果不想保存改变后的文件，则需要使用:q!命令，该命令将不会保存改变后的文件，直接退出 vim。示例代码如下。

```
:w              //保存
:w  filename    //文件另存为 filename
:wq             //保存并退出
:wq filename    //另存为 filename，保存并退出
:q!             //强制退出不保存
:x              //与 :wq 命令相同，保存并退出
```

知识 5　vim 的工作模式

vim 有 3 种基本工作模式：命令模式、输入模式和底线命令模式。使用 vim 打开一个文件后，便处于命令模式，在命令模式中使用:q 命令可以退出 vim。如果需要同时保存并退出，则可以使用:wq 命令，或者使用:wq!命令强制退出并保存。如果对文件进行了修改但不想保存，则可以使用:q!命令强制退出。利用文本插入命令，如 i、a、o 等，可以进入输入模式。按 "Esc" 键可以从输入模式返回命令模式。在命令模式中按 ":" 键可以进入底线命令模式，当输入完命令后按 "Esc" 键可以返回命令模式。3 种基本工作模式的转换如图 3-2 所示。

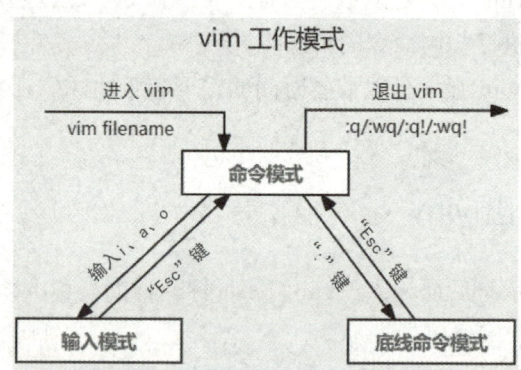

图 3-2　3 种基本工作模式的转换

1. 命令模式

进入 vim 之后，首先进入的就是命令模式。进入命令模式后，vim 等待命令输入而不是文本输入，也就是说，这时输入的字符都将作为命令被解释。

在命令模式下，光标会停留在屏幕的第一行的行首，使用 "_" 标示，而其他行的行首则会显示一个 "~"，表示该行为空行。最后一行是状态行，它会显示当前正在编辑的文件名及其状态。如果屏幕底部显示 "[New File]"，则意味着当前编辑的是一个新创建的文件。

如果输入"vim [文件名]"命令，且该文件已在系统中存在，则屏幕上会显示该文件的内容，并且光标会停留在第一行的行首，在样本行中显示该文件的文件名、行数和字数。

2. 输入模式

在命令模式下，输入相应的命令就可以进入输入模式，如输入插入命令 i、附加命令 a、打开命令 o、修改命令 c 或替换命令 s 都可以进入输入模式。在输入模式下，用户输入的任何字符都将被 vim 当作文件内容保存起来，同时这些字符也会显示在屏幕上。在输入文本的过程中（输入模式下），如果想返回命令模式，则按"Esc"键即可。

3. 底线命令模式

在命令模式下，用户按":"键即可进入底线命令模式。此时 vim 会在显示窗口的最后一行（通常也是屏幕的最后一行）显示一个":"作为底线命令模式的提示符，等待用户输入命令。多数文件管理的命令都是在此模式下执行的。底线命令执行完后，vim 自动返回命令模式。

在底线命令模式下，如果在输入命令的过程中改变了主意，可在按"Backspace"键将输入的命令全部删除之后，再按"Backspace"键。此时，vim 会自动从底线命令模式切换回命令模式。

知识 6　使用 vim

1. 命令模式下的命令说明

在命令模式下，"光标移动""查找与替换""删除、复制与粘贴"的命令说明分别如表 3-1、表 3-2、表 3-3 所示。

表 3-1　命令模式下光标移动的命令说明

命令	说明
h 或向左箭头键（←）	光标向左移动一个字符
j 或向下箭头键（↓）	光标向下移动一个字符
k 或向上箭头键（↑）	光标向上移动一个字符
l 或向右箭头键（→）	光标向右移动一个字符
说明：如果你将右手放在键盘上，则会发现 H、J、K、L 是排列在一起的，可以使用这 4 个按键方便地移动光标。如果想要进行多次移动，如向下移动 30 行，则可以通过"30j"或"30↓"来完成，即在想要进行移动的次数（数字）后，按下相应的键	
Ctrl+F	屏幕向下移动一页，相当于按"Page Down"键（常用）
Ctrl+B	屏幕向上移动一页，相当于按"Page Up"键（常用）
Ctrl+D	屏幕向下移动半页
Ctrl+U	屏幕向上移动半页
+	光标移动到非空格符的下一行
-	光标移动到非空格符的上一行
n<space>	n 为数字，如 20。 输入数字后按"Backspace"键，光标会向右移动 n 个字符。 例如，20<space>表示光标会向右移动 20 个字符

续表

命令	说明
0 或 "Home" 功能键	光标移动到这一行最前面的字符处（常用）
$或 "End" 功能键	光标移动到这一行最后面的字符处（常用）
H	光标移动到这个屏幕最上方那一行的第一个字符
M	光标移动到这个屏幕中央那一行的第一个字符
L	光标移动到这个屏幕最下方那一行的第一个字符
G	光标移动到这个文件的最后一行（常用）
nG	n 为数字。 光标移动到这个文件的第 n 行。 例如，20G 表示光标移动到这个文件的第 20 行（可配合使用:set nu 命令）
gg	光标移动到这个文件的第一行，相当于 1G（常用）
n<Enter>	n 为数字。 光标向下移动 n 行（常用）

表 3-2　命令模式下查找与替换的命令说明

命令	说明
/word	向光标之下搜索一个名称为 word 的字符串。例如，要在文件中搜索 vbird 字符串,输入/vbird 即可（常用）
?word	向光标之上搜索一个名称为 word 的字符串
n	n 是英文按键，表示重复前一个搜索的动作。 举例来说，如果我们执行/vbird 命令向下搜索 vbird 字符串，则按下 "n" 键后会向下继续搜索下一个名称为 vbird 的字符串。 如果执行?vbird 命令，则按下 "n" 键后会向上继续搜索名称为 vbird 的字符串
N	N 是英文按键，与 n 刚好相反，表示反向进行前一个搜索动作。 例如，执行/vbird 命令后，按下 "N" 键后会向上搜索名称为 vbird 的字符串
说明：使用/word 命令并配合 "n" 键和 "N" 键是非常有帮助的！可以让你重复地找到一些要搜索的关键词	
:n1,n2s/word1/word2/g	n1 与 n2 为数字。 在第 n1 行与 n2 行之间搜索 word1 字符串，并将该字符串替换为 word2。 例如，100,200s/vbird/VBIRD/g 表示在第 100 行与 200 行之间搜索 vbird 字符串，并将该字符串替换为 VBIRD
:1,$s/word1/word2/g 或 :%s/word1/word2/g	在第一行与最后一行之间搜索 word1 字符串，并将该字符串替换为 word2（常用）
:1,$s/word1/word2/gc 或 :%s/word1/word2/gc	在第一行与最后一行之间搜索 word1 字符串，并将该字符串替换为 word2。同时，在替换前显示提示字符给用户，确认是否需要替换（常用）

表 3-3　命令模式下删除、复制与粘贴的命令说明

命令	说明
x、X	在一行字当中,x 为向后删除一个字符(相当于按 "Delete" 键),而 X 为向前删除一个字符(相当于按 "Backspace" 键)（常用）
nx	n 为数字，连续向后删除 n 个字符。 例如，10x 表示连续向后删除 10 个字符

续表

命令	说明
dd	剪切光标所在的那一整行（常用），按 "p" 键或 "P" 键可以粘贴
ndd	n 为数字。 剪切光标所在行的向下 n 行。例如，20dd 表示剪切 20 行（常用），按 "p" 键或 "P" 键可以粘贴
d1G	删除光标所在行到第一行的所有数据
dG	删除光标所在行到最后一行的所有数据
d$	删除光标所在处到该行行尾的所有数据
d0	删除光标所在处到该行行首的所有数据
yy	复制光标所在行（常用）
nyy	n 为数字。 复制光标所在行的向下 n 行，如 20yy 表示复制 20 行（常用）
y1G	复制光标所在行到第一行的所有数据
yG	复制光标所在行到最后一行的所有数据
y0	复制光标所在处到该行行首的所有数据
y$	复制光标所在处到该行行尾的所有数据
p、P	p 为将已复制的数据粘贴在光标所在行的下一行，而 P 为将已复制的数据粘贴在光标所在行的上一行。 例如，目前光标在第 20 行，且已经复制了 10 行数据，按下 "p" 键后，这 10 行数据会被粘贴在原本的第 20 行之后，即从第 21 行开始粘贴。 但如果按下的是 "P" 键呢？那么原本的第 20 行会变成第 30 行（常用）
J	将光标所在行与下一行合并成同一行
c	重复删除多个数据，如 10cj 表示向下删除 10 行
u	撤销（常用）
Ctrl+r	重做上一个动作（常用）
说明："u" "Ctrl+r" 都是很常用的功能按键，一个是撤销，另一个则是重做上一个动作。利用这两个功能按键，将会为编辑提供很多便利	
.	重复前一个动作。 如果想要进行重复删除、重复粘贴等动作，则按 "." 键（常用）

这些命令看似复杂，但使用起来非常简单。例如，在命令模式下先使用 5yy 命令进行复制后，再使用以下命令进行粘贴。

```
p              //在光标之后粘贴
shift + p      //在光标之前粘贴
```

在进行查找与替换时，如果不在命令模式下，则可按 "Esc" 键进入命令模式，输入 "/" 或 "？" 进行查找。例如，在一个文件中查找 swap，首先按 "Esc" 键，进入命令模式，然后可以输入：

```
/swap
```

或

```
?swap
```

如果把光标所在行中的所有 the 替换成 THE，则可以输入：

```
:s /the/THE/g
```

如果仅仅把第 1 行到第 10 行中的 the 替换成 THE，则可以输入：

```
:1,10 s /the/THE/g
```

这些编辑命令非常灵活，基本上可以说是由命令与范围构成的。需要注意的是，本书采用计算机的键盘来说明 vim 的操作，但在具体的操作中还要参考相应的资料。

2. 输入模式下的命令说明

输入模式下的命令说明如表 3-4 所示。

表 3-4 输入模式下的命令说明

命令	说明
i、I	进入输入模式： i 为从当前光标所在处开始输入；而 I 为从当前光标所在行的第一个非空格符处开始输入（常用）
a、A	进入输入模式： a 为从当前光标所在处的下一个字符处开始输入；而 A 为从当前光标所在行的最后一个字符处开始输入（常用）
o、O	进入输入模式： 这是英文字母 o 的大小写。o 为从当前光标所在行的下一行开始输入；而 O 为从当前光标所在行的上一行开始输入（常用）
r、R	进入取代模式： r 为只会取代一次光标所在处的字符；而 R 为会一直取代光标所在处的字符，直到按"Esc"键为止（常用）
	输入上述命令后，在 vim 界面的左下角会出现"--INSER--"或"--REPLACE--"的字样，当出现这些字样时，表示进入了输入模式
Esc	退出输入模式，返回命令模式（常用）

3. 底线命令模式下的命令说明

如果在输入模式下，则先按"Esc"键进入命令模式。在命令模式下按"："键进入底线命令模式。底线命令模式下的命令说明如表 3-5 所示。

表 3-5 底线命令模式下的命令说明

命令	说明
:w	将编辑的数据写入硬盘文件（常用）
:w!	当文件属性为"只读"时，强制写入该文件
:q	退出 vim（常用）
:q!	如果曾修改过文件，但又不想保存，则可以使用:q!命令强制退出且不保存文件
	说明：感叹号（!）在 vim 中，常具有"强制"的意思
:wq	保存后退出。如果使用:wq!命令，则表示强制保存后退出（常用）
ZZ	保存并退出。效果等同于:wq 命令
ZQ	不保存，强制退出。效果等同于:q!命令

命令	说明
:w [filename]	将编辑的数据保存成另一个文件（类似于另存新档）
:r [filename]	在编辑的数据中，读入另一个文件的数据，即将 filename 文件内容添加到光标所在行的后面
:n1,n2 w [filename]	将 n1 到 n2 的内容保存为 filename 文件
:! command	暂时离开 vim 到 Linux 系统命令行下执行 command 的显示结果。 例如，:! ls /home 表示可在 vim 中查看/home 目录下以 ls 输出的文件信息
:set nu	显示行号，设置之后，会在每行的前缀显示该行的行号
:set nonu	与:set nu 命令相反，为取消行号

任务拓展

假设需要编辑一个软件的配置文件（如 config.txt），该文件包含多个配置项和注释。

目标：熟练掌握查找、替换、删除和浏览命令。

准备：首先确保 Linux 操作系统中已安装 vim，然后创建一个名为 config.txt 的文件，并添加以下内容。

```
# Configuration File - Version 1.0
# Timeout settings
timeout = 30
retry = 5
# Database configuration
db_host = localhost
db_port = 3306
db_user = root
db_password = password
# Feature flags
feature_x_enabled = false
feature_y_enabled = true
```

（1）查找内容。

- 打开 config.txt 文件。
- 使用:/pattern 命令查找以"db_"开头的所有配置项。
- 使用 n 和 N 在查找结果之间跳转。

（2）替换文本。

- 将所有实例的"localhost"替换为"127.0.0.1"。
- 使用:%s/localhost/127.0.0.1/g 命令完成全局替换。

（3）删除文本。

- 删除所有以"#"开头的注释行。
- 使用:g/^#/d 命令删除所有注释行。

（4）修改特定行。

- 将"feature_x_enabled = false"修改为"feature_x_enabled = true"。
- 首先定位到该行（可以使用:/feature_x_enabled 命令），然后进行修改。

（5）多文件编辑。

如果你有多个配置文件需要编辑，则可以使用:vsplit 或:split 命令在多个窗口中打开和编辑它们。

（6）保存和退出。

- 使用:w 命令保存文件的修改。
- 使用:q 命令退出 vim。如果想要同时保存并退出，则可以使用:wq 或:x 命令。

任务二　熟练掌握 shell 的环境变量

任务要求

知识要求：

（1）熟悉 shell 变量的定义和引用。

（2）掌握 shell 变量的作用域。

实施要求：

（1）能够在 shell 脚本中正确地使用环境变量来影响程序的运行。

（2）配置和优化环境变量，以适应具体的工作需求，如路径设置、本地化及网络配置。

（3）探索环境变量在实际开发和运维任务中的应用。

技术要求：

（1）熟练使用命令行来查看和修改环境变量。

（2）理解环境变量在用户会话和系统全局范围内的作用差异。

（3）应用环境变量解决具体的问题，如软件安装路径的配置和脚本执行的环境配置。

任务实施

（1）课前，学生需要通过预分配的教材学习 shell 的基本命令。

（2）课中，通过教师讲解和示例，展示如何设置和获取环境变量。

（3）课后，学生实践设置环境变量，以解决实际问题。

任务知识

知识 1　shell 概述

shell 是一种特殊的程序，它作为用户与操作系统内核之间的桥梁和接口，起着确保用户与操作系统的一致性，以及确保用户与操作系统之间进行交互的作用。

shell 支持具有字符串值的变量。shell 变量不需要专门的说明语句，通过赋值语句完成变量说明并予以赋值即可。在命令行或 shell 脚本文件中，可以使用$name 的形式来引用 name 变量的值。

知识 2　shell 变量的定义和引用

在 shell 中，变量的赋值格式如下。

```
variable=value
```

其中，variable 是变量名，value 是变量的值。变量名可以包含字母、数字和下画线，但不能以数字开头。在赋值时，等号两边不能有空格。

要想引用变量的值，需要在变量名前面添加"$"符号，引用的结果就是使用变量值 value 代替$variable，此过程也被称为变量替换。

在定义变量时，如果变量值 value 中包含空格、制表符和换行符，则变量值必须使用"''"或 """"的形式，即使用单引号或双引号将其引起来。双引号内允许变量替换，而单引号内则不允许。

下面给出一个定义和使用 shell 变量的示例。

```
// 在当前 shell 中定义 age 变量
[root@Linux7-1 ~]# age=18
// 使用 $age 引用变量
[root@Linux7-1 ~]# echo I am $age
I am 18
// 显示字符常量
[root@Linux7-1 ~]# echo who are you
who are you
[root@Linux7-1 ~]# echo 'who are you'
who are you
[root@Linux7-1 ~]# echo "who are you"
who are you
[root@Linux7-1 ~]#
// 由于要输出的字符串中没有特殊字符，所以"''"和"" ""的效果是一样的
 root@Linux7-1 ~]# echo Je t'aime
>
// 由于要使用特殊字符（'），
// "'"不匹配，因此 shell 认为命令行没有结束，按"Enter"键后会出现系统第二提示符，
//让用户继续输入命令行，按快捷键"Ctrl＋C"结束
[root@Linux7-1 ~]# echo Je t'aime
> ^C
```

```
// 为了解决这个问题，可以使用下面的两种方法
[root@Linux7-1 ~]# echo "Je t'aime"
Je t'aime
[root@Linux7-1 ~]# echo Je t\'aime
Je t'aime
[root@Linux7-1 ~]#
```

知识 3　shell 变量的作用域

与程序设计语言中的变量一样，shell 变量有其规定的作用范围。shell 变量分为局部变量和全局变量。

- 局部变量的作用范围仅限制在其命令行所在的 shell 或 shell 脚本文件中。
- 全局变量的作用范围包括本 shell 进程及其所有子进程。

可以使用 export 内置命令将局部变量设置为全局变量。

下面给出一个 shell 变量作用域的示例。

```
// 在当前 shell 中定义 var1 变量
[root@Linux7-1 ~]# var1=Linux
// 在当前 shell 中定义 var2 变量并将其输出
[root@Linux7-1 ~]# var2=unix
[root@Linux7-1 ~]# export var2
// 引用变量的值
[root@Linux7-1 ~]# echo $var1
Linux
[root@Linux7-1 ~]# echo $var2
unix
// 显示当前 shell 的 PID
[root@Linux7-1 ~]# bash
3031
// 由于 var1 变量未被输出，所以子 shell 中已无值
[root@Linux7-1 ~]# echo $var1
// 由于 var2 变量被输出，所以子 shell 中保有值
[root@Linux7-1 ~]# echo $var2
unix
// 返回主 shell，并显示变量的值
[root@Linux7-1 ~]# exit
[root@Linux7-1 ~]# echo $$
2897
[root@Linux7-1 ~]# echo $var1
Linux
[root@Linux7-1 ~]# echo $var2
unix
[root@Linux7-1 ~]#
```

知识 4　环境变量

环境变量是指由 shell 定义和赋初值的 shell 变量。shell 使用环境变量来确定查找路径、注册目录、终端类型、终端名称、用户名等。所有环境变量都是全局变量，并可以由用户重新设置。表 3-6 列出了一些 shell 中常用的环境变量。

表 3-6　shell 中常用的环境变量

环境变量名	说明	环境变量名	说明
EDITOR、FCEDIT	EDITOR：用于指定默认的文本编辑器；FCEDIT：fc 命令默认使用 vi 编辑器	PATH	Bash 寻找可执行文件的搜索路径
HISTFILE	用于存储历史命令的文件	PS1	命令行的一级提示符
HISTSIZE	历史命令列表的大小	PS2	命令行的二级提示符
HOME	当前用户的主目录	PWD	当前工作目录
OLDPWD	前一个工作目录	SECONDS	当前 shell 开始后所流逝的秒数

不同类型的 shell 的环境变量有不同的设置方法，在 Bash 中使用 set 命令设置环境变量，该命令的格式如下。

```
set 环境变量=变量的值
```

例如，可以使用如下命令设置用户的主目录为/home/jhon。

```
[root@Linux7-1 ~]# set HOME=/home/jhon
```

不添加任何参数，直接使用 set 命令可以显示用户当前所有环境变量的设置，示例代码如下。

```
[root@Linux7-1 ~]# set
ABRT_DEBUG_LOG=/dev/null
BASH=/bin/bash
BASHOPTS=checkwinsize:cmdhist:expand_aliases:extglob:extquote:force_fignore:histappend:interactive_comments:login_shell:progcomp:promptvars:sourcepath
BASH_ALIASES=()
BASH_ARGC=()
BASH_ARGV=()
BASH_CMDS=()
BASH_COMPLETION_COMPAT_DIR=/etc/bash_completion.d
...
PATH= /usr/local/sbin:/usr/local/bin:/usr/sbin:/usr/bin:/root/bin
GROUPS=()
HISTCONTROL=ignoredups
HISTFILE=/root/.bash_history
HISTFILESIZE=1000
HISTSIZE=1000
HOME=/root
HOSTNAME=Linux7-1
```

```
HOSTTYPE=x86_64
…
```

其中，可以看到路径 PATH 的设置如下。

```
PATH= /usr/local/sbin:/usr/local/bin:/usr/sbin:/usr/bin:/root/bin
```

总共有 7 个目录，Bash 会在这些目录中依次搜索用户输入的命令的可执行文件。

在环境变量前面添加 "$" 符号表示引用环境变量的值，示例代码如下。

```
[root@Linux7-1 ~]# cd $HOME
```

上述命令将目录切换到用户的主目录。

当修改 PATH 变量时，如果将一个路径/tmp 添加到 PATH 变量前面，则应该进行如下设置。

```
[root@Linux7-1 ~]# PATH=/tmp:$PATH
```

此时在保存原有路径的基础上进行了添加。shell 在执行命令前会先查找这个目录。

要想将环境变量重新设置为系统默认值，可以使用 unset 命令。例如，下面的命令用于将当前的语言环境重新设置为默认的英文状态。

```
[root@Linux7-1 ~]# unset LANG
```

知识 5　命令运行的判断依据（;、&&、||）

在某些情况下，如果想要多个命令依次输入并顺序执行，那么该怎么办呢？有两个选择，一个是通过本项目任务四中将要介绍的，通过 shell 编程脚本去执行，另一个则是通过下面的方法一次输入多个命令。

1. cmd;cmd（不考虑命令相关性的连续命令执行）

在某些时候，我们希望可以一次执行多个命令。例如，希望在关机前可以运行多个命令，两次 sync 同步化写入磁盘后才关机，那么该如何操作呢？

```
[root@Linux7-1 ~]# sync; sync; shutdown -h now
```

命令与命令之间使用分号（;）来隔开，这样一来，执行完分号前的命令后就会立刻接着执行后面的命令。

我们看下面的例 3-1，要求在某个目录下创建一个文件，如果该目录存在，则直接创建这个文件，否则不进行创建操作，也就是说这两个命令是相关的，后一个命令是否要执行与前一个命令的执行结果是否正确有关。

2. $?（命令回传值）与 "&&" "||"

如同上面谈到的，两个命令之间具有相依性，而这种相依性主要基于前一个命令的执行结果是否正确。在 Linux 操作系统中，如果前一个命令的执行结果正确，则会回传一个

$?=0 的值。那么，我们怎么通过这个回传值来判断后续的命令是否要执行呢？这就要用到"&&""||"了，其命令执行情况说明如表 3-7 所示。

表 3-7 "&&""||"的命令执行情况说明

命令执行情况	说明
cmd1&&cmd2	若 cmd1 执行完成且执行正确（$?=0），则开始执行 cmd2；若 cmd1 执行完成且执行错误（$?≠0），则 cmd2 不执行
cmd1||cmd2	若 cmd1 执行完成且执行正确（$?=0），则不执行 cmd2；若 cmd1 执行完成且执行错误（$?≠0），则 cmd2 开始执行
注意：两个"&"之间是没有空格的，"|"是按快捷键"Shift+\\"的结果	

【例 3-1】使用 ls 命令查阅/tmp/abc 目录是否存在，如果存在，则使用 touch 命令创建/tmp/abc/hehe 文件。

```
[root@Linux7-1 ~]# ls /tmp/abc && touch /tmp/abc/hehe
ls: 无法访问/tmp/abc: 没有那个文件或目录
# 说明找不到该目录，但并没有出现 touch 命令的错误，表示 touch 命令并没有执行
[root@Linux7-1 ~]# mkdir /tmp/abc
[root@Linux7-1 ~]# ls /tmp/abc && touch /tmp/abc/hehe
[root@Linux7-1 ~]# ll /tmp/abc/
总用量 0
-rw-r--r--. 1 root root 0 4月  25 23:42 hehe
[root@Linux7-1 ~]#
```

如果/tmp/abc 目录不存在，则 touch 命令不会被执行；如果/tmp/abc 目录存在，则 touch 命令开始执行。在上面的例子中，我们必须自行创建目录，这很麻烦。是否有办法可以自动判断：如果该目录不存在，则自动创建它？我们来看下面的例子。

【例 3-2】测试/tmp/abc 目录是否存在，如果不存在，则予以创建；如果存在，则不做任何事情。

```
[root@Linux7-1 ~]# rm -rf /tmp/abc/          # 先删除此目录以方便测试
[root@Linux7-1 ~]# ls /tmp/abc || mkdir /tmp/abc
ls: 无法访问/tmp/abc: 没有那个文件或目录          # 证明目录已经删除
[root@Linux7-1 ~]# ll /tmp/abc
总用量 0                                      # 结果出现了,证明执行了 mkdir 命令
[root@Linux7-1 ~]#
```

如果重复执行 ls /tmp/abc || mkdir /tmp/abc 命令，则也不会重复出现 mkdir 命令的错误。这是因为/tmp/abc 目录已经存在，所以后续的 mkdir 命令就不会执行。

再次讨论：如果想要创建/tmp/abc/hehe 文件，但是不知道/tmp/abc 目录是否存在，那么该怎么办呢？

【例 3-3】不论/tmp/abc 目录是否存在，都要创建/tmp/abc/hehe 文件。

```
[root@Linux7-1 ~]# ls /tmp/abc || mkdir /tmp/abc && touch /tmp/abc/hehe
```

由于 Linux 命令都是从左往右执行的，所以例 3-3 有下面两种结果。

- /tmp/abc 目录不存在。回传\$?≠0，因为"||"遇到不为 0 的\$?，所以开始执行 mkdir /tmp/abc 命令。由于 mkdir /tmp/abc 命令会成功执行，因此回传\$?=0。因为"&&"遇到\$?=0，所以执行 touch /tmp/abc/hehe 命令，最终/tmp/abc/hehe 文件被创建。
- /tmp/abc 目录存在。回传\$?=0，因为"||"遇到\$?=0，所以不会执行 mkdir /tmp/abc，此时\$?=0 继续向后传；而"&&"遇到\$?=0 就开始创建/tmp/abc/hehe 文件，所以最终/tmp/abc/hehe 文件被创建。

命令依序运行的关系示意图如图 3-3 所示。

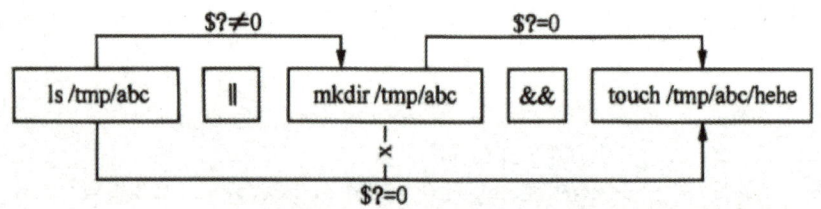

图 3-3　命令依序运行的关系示意图

在图 3-3 显示的两部分数据中，上方的线段表示当/tmp/abc 目录不存在时所进行的命令行为；而下方的线段则表示当/tmp/abc 目录存在时所进行的命令行为，由于/tmp/abc 目录存在，因此导致\$?=0，中间的部分就不执行了，并将\$?=0 继续向后传，以供后续的 touch 命令利用。

我们再来看下面的例 3-4。

【例 3-4】以 ls 命令测试/tmp/bobbying 是否存在，如果存在，则显示"exist"；如果不存在，则显示"not exist"。

这又牵涉到逻辑判断的问题，如果存在就显示某个数据，如果不存在就显示其他数据，那么我们可以这样做：

```
ls /tmp/bobbying && echo "exist" || echo "not exist"
```

意思是说，如果 ls /tmp/bobbying 命令执行成功，则执行 echo "exist"命令；如果执行失败，则执行 echo "not exist"命令。如果写成如下形式，那么结果又会如何呢？

```
ls /tmp/bobbying || echo "not exist" && echo "exist"
```

这其实是有问题的，为什么呢？由图 3-3 可知，命令会逐个向后执行，而在上面的例子中，如果/tmp/bobbying 不存在，则会进行如下动作。

- 如果/tmp/bobbying 不存在，则回传一个非 0 的数值。
- 接下来经过"||"的判断，发现前一个命令回传了一个非 0 的数值，因此程序开始执行 echo "not exist"命令，而 echo "not exist"命令肯定可以执行成功，因此会回传一个 0 值给后面的命令。
- 经过"&&"的判断，就开始执行 echo "exist"命令。

在这个例子中可以同时出现 not exist 与 exist，是不是很有意思？

特别提示：经过这个例子的练习，我们应该了解，由于命令是逐个执行的，因此如果要使用判断，那么 "&&" "||" 的顺序就不能搞错。一般来说，假设判断有 3 个，也就是 command1 && command2 || command3，而且顺序通常不会变，因为 command2 与 command3 会放置肯定可以执行成功的命令。因此依据上面例子的逻辑分析，必须按此顺序放置各命令，请读者一定注意。

知识 6　环境设置文件

shell 环境依赖多个文件的设置，用户并不需要在每次登录后对各种环境变量进行手动设置，通过环境设置文件进行的用户工作环境设置，可以在用户登录时由系统自动完成。环境设置文件有两种，一种是系统环境设置文件，另一种是用户环境设置文件。

（1）系统环境设置文件。
- 登录环境设置文件：/etc/profile。
- 非登录环境设置文件：/etc/bashrc。

（2）用户环境设置文件。
- 登录环境设置文件：$HOME/.Bash_profile。
- 非登录环境设置文件：$HOME/.bashrc。

注意：只有在特定的情况下才读取 profile 文件，确切地说，只有在用户登录时才读取 profile 文件，运行 shell 脚本后就无须再读取 profile 文件了。

系统环境设置文件对所有用户均生效，而用户环境设置文件仅对用户自身生效，用户可以通过修改自己的用户环境设置文件来覆盖系统环境设置文件中的全局设置。例如，用户可以将自定义的环境变量存放在$HOME/.Bash_profile 文件中，并将自定义的别名存放在 $HOME/.bashrc 文件中，以便在每次登录和调用子 shell 时生效。

任务拓展

环境变量的基本操作。

目标：熟悉环境变量的创建、查看、修改、删除和验证。

步骤：

（1）创建一个新的环境变量 TEST_VAR 并将其赋值为 "Hello World"。

（2）查看 TEST_VAR 的值。

（3）修改 TEST_VAR 的值为 "Goodbye World"。

（4）删除 TEST_VAR。

（5）验证 TEST_VAR 是否被删除。

任务三　掌握输入/输出重定向与管道

任务要求

知识要求：

（1）掌握基本的输入/输出重定向操作，理解如何将命令的输出重定向到文件或从文件中读取输入。

（2）理解管道的概念及其在命令行操作中连接多个命令的作用。

（3）学习如何组合重定向和管道来创建复杂的命令行数据处理流程。

实施要求：

（1）使用重定向操作来创建、更新或合并文件。

（2）通过管道将多个命令连接起来进行数据分析或处理。

（3）解决实际问题，如日志文件分析、系统状态监控等。

技术要求：

（1）熟悉各种重定向操作符（如>、>>、<）和它们的具体用法。

（2）掌握管道的使用技巧，能够灵活运用命令（如 grep、awk 等）进行数据处理。

（3）能够设计和实施复杂的命令行操作，有效地使用 shell 的功能来优化工作流程。

任务实施

（1）课前，学生通过在线资源学习重定向和管道的基本用法。

（2）课中，教师通过实例演示如何使用重定向和管道优化命令。

（3）课后，学生完成指定的练习，解决实际问题。

任务知识

知识 1　使用重定向

重定向是指不使用系统的标准输入端口、标准输出端口或标准错误端口，而进行重新指定，所以重定向分为输入重定向、输出重定向和错误重定向。通常情况下，在 shell 中要想实现重定向到一个文件，主要依靠重定向符，即 shell 通过检查命令行中有无重定向符来决定是否需要实施重定向。表 3-8 列出了常用的重定向符。

表 3-8　常用的重定向符

重定向符	说明
<	实现输入重定向。输入重定向并不经常使用，因为大多数命令都以参数的形式在命令行中指定输入文件的文件名。尽管如此，当使用一个不接受文件名作为输入参数的命令，而其需要的输入又在一个已存在的文件中时，就能使用输入重定向解决问题
>或>>	实现输出重定向。输出重定向比输入重定向更常用，输出重定向能使用户将一个命令的输出重定向到一个文件中，而不显示在屏幕上，很多情况下都可以使用这种功能。例如，如果某个命令的输出很多，在屏幕上不能完全显示，则可以把它重定向到一个文件中，稍后使用文本编辑器来打开这个文件
2>或 2>>	实现错误重定向
&>	同时实现输出重定向和错误重定向

需要注意的是，在实际执行命令之前，命令解释程序会自动打开（如果文件不存在，则自动创建）并清空该文件（文件中已存在的数据将被删除）。当命令完成时，命令解释程序会正确地关闭该文件，而命令在执行时并不知道它的输出流已被重定向。

下面列举几个使用重定向的例子。

（1）将使用 ls 命令生成的/tmp 目录的一个清单保存在当前目录的 dir 文件中。

```
[root@Linux7-1 ~]# ls -l /tmp > dir
```

（2）将使用 ls 命令生成的/etc 目录的一个清单以追加的方式保存在当前目录的 dir 文件中。

```
[root@Linux7-1 ~]# ls -l /etc >> dir
```

（3）passwd 文件的内容作为 wc 命令的输入（wc 命令用于计算数字，可以计算文件的字节数、字数或列数，如果不指定文件名称，或者所指定的文件名称为"-"，则 wc 命令会从标准输入设备中读取数据）。

```
[root@Linux7-1 ~]# wc</etc/passwd
```

（4）将 myprogram 命令的错误信息保存在当前目录的 err_file 文件中。

```
[root@Linux7-1 ~]# myprogram 2> err_file
```

（5）将 myprogram 命令的输出信息和错误信息保存在当前目录的 output_file 文件中。

```
[root@Linux7-1 ~]# myprogram &> output_file
```

（6）将 ls 命令的错误信息保存在当前目录的 err_file 文件中。

```
[root@Linux7-1 ~]# ls -l 2> err_file
```

注意：该命令并没有产生错误信息，但 err_file 文件中的原文件内容会被清除。

当我们输入重定向符时，命令解释程序会检查目标文件是否存在。如果文件不存在，则命令解释程序将会根据给定的文件名创建一个空文件；如果文件已经存在，则命令解释程序会清除其内容，并准备写入命令的输出结果。这种操作方式表明：当重定向到一个已存在的文件中时，需要十分小心，数据很容易在用户还没有意识到之前就丢失了。

Bash 输入/输出重定向可以使用下面的选项来设置不覆盖已存在的文件。

```
[root@Linux7-1 ~]# set -o noclobber
```

这个选项仅用于对当前命令解释程序的输入/输出进行重定向，而其他程序仍可能覆盖已存在的文件。

（7）/dev/null。

空设备的一个典型用法是丢弃来自 find 或 grep 等命令的错误信息。

```
[root@Linux7-1 ~]# grep delegate /etc/* 2> /dev/null
```

其中，grep 命令的含义是从/etc 目录的所有文件中搜索包含 delegate 字符串的所有行，由于我们以普通用户的权限执行该命令，因此 grep 命令是无法打开某些文件的，系统会显示许多"未得到允许"的错误提示，通过将错误重定向到空设备中，我们可以在屏幕上只获取有用的输出。

知识 2　使用管道

许多 Linux 命令具有过滤特性，即一个命令通过标准输入端口接收一个文件中的数据，命令执行后产生的结果数据又通过标准输出端口传送给下一个命令，作为该命令的输入数据。下一个命令也是通过标准输入端口接收输入数据的。

shell 提供的管道命令"|"将这些命令前后衔接在一起，形成一条管道线，其语法格式如下。

```
命令 1 | 命令 2 | … 命令 n
```

管道线中的每个命令都作为一个单独的进程运行，每个命令的输出都作为下一个命令的输入，由于管道线中的命令总是按照从左到右的顺序执行，所以管道线是单向的。

管道线创建了 Linux 操作系统管道文件并进行重定向，但是管道不同于 I/O 重定向。输入重定向使得一个程序的标准输入来自某个文件，输出重定向则是将一个程序的标准输出写入一个文件；而管道是直接将一个程序的标准输出与另一个程序的标准输入相连接，不需要经过任何中间文件。

示例代码如下。

```
[root@Linux7-1 ~]# who > tmpfile
```

我们执行 who 命令来找出谁已经登录并进入系统。在该命令的输出结果中，每个用户对应一行数据，其中包含了一些有用的信息，我们将这些信息保存在临时文件中。

现在我们执行如下命令。

```
[root@Linux7-1 ~]# wc -l < tmpfile
```

该命令会统计临时文件的行数，其输出结果是登录并进入系统的用户人数。

我们可以将以上两个命令组合起来，示例代码如下。

```
[root@Linux7-1 ~]# who | wc -l
```

管道告诉命令解释程序将左边命令（在本例中为 who 命令）的标准输出流与右边命令（在本例中为 wc -l 命令）的标准输入流连接，现在 who 命令的输出不经过临时文件就可以直接被送到 wc -l 命令中了。

下面列举几个使用管道的例子。

（1）以长格式递归的方式分屏显示/etc 目录中的文件和目录列表。

```
[root@Linux7-1 ~]# ls -Rl /etc | more
```

（2）分屏显示/etc/passwd 文本文件的内容。

```
[root@Linux7-1 ~]# cat /etc/passwd | more
```

（3）统计/etc/passwd 文本文件的行数、字数和字符数。

```
[root@Linux7-1 ~]# cat /etc/passwd | wc
```

（4）查看是否存在 John 用户账户。

```
[root@Linux7-1 ~]# cat /etc/passwd | grep john
```

（5）查看系统是否安装了 ssh 软件包。

```
[root@Linux7-1 ~]# rpm -qa | grep ssh
```

（6）显示文本文件中的若干行。

```
[root@Linux7-1 ~]# tail -15 myfile | head -3
```

管道仅能操纵命令的标准输出流。如果标准错误输出未重定向，那么任何写入其中的信息都会显示在终端显示屏幕上。管道可用来连接两个以上的命令，由于使用了一种被称为过滤器的服务程序，因此多级管道在 Linux 操作系统中是很普遍的，过滤器只是一段程序，它从自己的标准输入流中读入数据，并写入自己的标准输出流，这样就能沿着管道过滤数据了。

```
[root@Linux7-1 ~]# who | grep root | wc -l
```

who 命令的输出结果由 grep 命令来处理，而 grep root 命令用于过滤掉（丢弃掉）所有不包含 root 字符串的行，这个输出结果经过管道传递给 wc -l 命令，而该命令的功能是统计剩余的行数，这些行数与网络用户的人数相对应。

Linux 操作系统的一个优势就是按照这种方式将一些简单的命令连接起来，形成更复杂、功能更强的命令。那些标准的服务程序仅仅是一些管道应用的单元模块，在管道中它们的作用更加明显。

任务拓展

1. 基本重定向操作

目标：熟练掌握基本的输入/输出重定向。

步骤：

（1）使用输出重定向（>）将 ls -l /etc 命令的结果保存到一个名为 etc_contents.txt 的文件中。

（2）使用输入重定向（<）读取 etc_contents.txt 文件的内容，并通过 wc -l 命令统计行数。

（3）使用错误重定向（2>）将一个错误命令的错误输出重定向到 error_log.txt 文件中。

2. 组合使用重定向和管道

目标：学习如何组合使用重定向和管道来处理复杂数据。

步骤：

（1）列出/var/log 目录中的所有文件，并将结果通过管道传递给 grep 命令，查找包含"error"的文件名。

（2）将上述命令的结果输出到 error_files.txt 文件中。

（3）查阅相关资料，使用管道和 sort 命令对 error_files.txt 文件中的内容进行排序，并通过输出重定向将其保存到 sorted_error_files.txt 文件中。

任务四　shell 编程

任务要求

知识要求：

（1）理解 shell script 的结构和编写规则。

（2）学习 shell script 中的变量声明、条件语句、循环语句和函数定义。

（3）掌握错误处理和调试技术，以增强脚本的可靠性，提高效率。

实施要求：

（1）编写用于自动化常见系统任务的脚本，如备份、批量处理和系统报告。

（2）使用条件语句和循环语句来处理数据与自动化决策过程。

（3）创造复用的脚本函数库，提高代码的可维护性和复用性。

技术要求：

（1）熟练应用 shell 编程的最佳实践和标准约定。

（2）实现脚本的模块化和参数化，以提高脚本的通用性和灵活性。

（3）掌握使用 shell 内建的调试工具，如 set -x、trap 等，进行错误跟踪和处理。

任务实施

（1）课前，学生通过在线资源学习 shell script 的结构和语法的基本用法。
（2）课中，教师讲解基本的 shell script 的结构和语法。
（3）课后，学生完成指定的练习，编写实用的脚本，如自动备份脚本。

任务知识

知识 1　了解 shell script

什么是 shell script（程序化脚本）呢？就字面上的意义，我们将其分为两部分。关于 shell，我们在本项目的任务二中已经提过了，shell 是在命令行界面下用户与系统沟通的一个工具接口。那么 script 是什么？script 是"脚本、剧本"的意思。整句话是说，shell script 是针对 shell 所写的脚本。

其实，shell script 是利用 shell 的功能所编写的一个"程序（Program）"。这个程序使用纯文本文件，将一些 shell 的语法与命令（含外部命令）写在里面，并搭配正则表达式、管道命令与数据流重定向等功能，以达到想要的处理效果。

所以，简单地说，shell script 就像早期 DOS 年代的批处理（.bat），最简单的功能就是将许多命令写在一起，让用户很轻易地就能够处理复杂的操作（运行一个 shell script 文件就能够一次运行多条命令）。shell script 能提供数组、循环、条件与逻辑判断等重要功能，使用户可以直接通过 shell 来编写程序，而不必使用 C 语言等传统程序语言撰写的语法。

shell script 可以被简单地看成批处理文件，也可以被说成是一种程序语言，并且这种程序语言都是由 shell 与相关工具命令组成的，所以不需要编译即可运行。另外，shell script 还具有不错的排错（Debug）工具，所以它可以帮助系统管理员快速地管理好主机。

知识 2　编写并执行一个 shell script

1. 编写 shell script 的注意事项

- 命令的执行是从上到下、从左到右的。
- 命令、选项与参数间的多个空格都会被忽略掉。
- 空白行也将被忽略掉，并且按"Tab"键所产生的空白同样被视为空格。
- 如果读取到一个 Enter 符号（CR），则尝试开始运行该行（或该串）命令。
- 如果一行的内容过于冗长，则可以输入"\"并按"Enter"键将其延伸至下一行。
- "#"可作为注解。任何添加在"#"后面的数据都将被视为注解文字而被忽略。

2. 运行 shell script

现在假设程序文件名是/home/dmtsai/shell.sh，那么如何运行这个程序呢？很简单，可以使用下面几种方法。

（1）直接下达命令：shell.sh 文件必须具备可读与可运行（rx）的权限。

- 绝对路径：使用/home/dmtsai/shell.sh 来下达命令。
- 相对路径：假设工作目录为/home/dmtsai，则通过.shell.sh 来运行。
- "PATH" 变量的功能：将 shell.sh 文件放在$PATH 指定的目录中，如~/bin 目录。

（2）以 bash 程序来运行：通过 bash shell.sh 或 sh shell.sh 来运行。

由于 Linux 操作系统默认用户主目录中的~/bin 目录会被设置到$PATH 中，因此可以将 shell.sh 文件创建在/home/dmtsai/bin/目录中（~/bin 目录需要自行设置）。此时，如果 shell.sh 文件在~/bin 目录中且具有 rx 的权限，则直接输入 "shell.sh" 即可运行该程序。

为何 "sh shell.sh" 也可以运行呢？这是因为/bin/sh 其实就是/bin/bash（连结档），使用 sh shell.sh 即告诉系统，我想要直接以 bash 程序来运行 shell.sh 文件中的相关命令，所以此时 shell.sh 文件只要具有 r 的权限即可被运行。可以利用 sh 的参数，如利用-n 及-x 选项来检查与追踪 shell.sh 的语法是否正确。

3. 编写第一个 shell script

```
[root@Linux7-1 scripts]# vim sh01.sh
#!/bin/bash
# program:
# This program shows "Hello World!" in your screen.
# History:
# 2024/04/23 Bobby Firstrelease
PATH=/bin:/sbin:/usr/bin:/usr/sbin:/usr/local/bin:/usr/local/sbin:~/bin
export PATH
echo -e "Hello World! \a \n"
exit 0
```

在本项目中，请将所有编写的 shell script 放置到主目录的~scripts 目录中，以利于管理。下面对上述程序进行分析。

（1）第一行 "#!/bin/bash" 用于声明 shell script 使用的 shell 名称。

因为我们使用的是 bash，所以必须以 "#!/bin/bash" 来声明 shell script 中的语法使用的是 bash 的语法。那么当这个程序被运行时，就能够加载 bash 的相关环境配置文件（一般来说，就是 non-login shell 的~/.bashrc），并且运行 bash 使我们能够运行下面的命令，这很重要。在很多情况下，如果没有设置好这一行，那么该程序很可能无法运行，因为系统可能无法判断该程序需要使用什么 shell 来运行。

（2）程序内容的说明。

在整个 shell script 中，除了第一行的 "#" 是用来声明 shell 的，其他的 "#" 都是用来

"注释"的。所以在上述程序中,第二行及以下的内容用来说明整个程序的基本数据。

建议:一定要养成说明 shell script 的功能、版本信息、作者与联络方式、版权声明方式、历史记录等的习惯,这有助于程序的改写与调试。

(3)主要环境变量的声明。

务必将一些重要的环境变量设置好,如 PATH 与 LANG。如此一来,可让这个程序在运行时直接执行一些外部命令。

(4)主要程序部分。

在上述程序中,主要程序部分在第八行。

(5)运行成果告知(定义回传值)。

可以使用$? 变量来查看程序是否运行成功,也可以利用 exit 命令使程序中断,并且回传一个数值给系统。在这个程序中,使用 exit 0 命令表示离开 shell script 并且回传一个 0给系统,所以当运行完该程序后,如果接着执行 echo $? 命令,则可得到 0 值。

该程序的运行结果如下。

```
[root@Linux7-1 scripts]# sh sh01.sh
Hello World!
```

同时,运行上述程序应该还会听到一声警告音,这是因为 echo 命令加上了-e 选项。当你完成这个 shell script 之后,是不是感觉写脚本程序很简单?

另外,你也可以使用"chmod a+x sh01.sh"或"./sh01.sh"命令来运行这个 shell script。

知识 3 养成良好的 shell script 编写习惯

养成良好的编写习惯是很重要的,但大家在刚开始编写程序时,非常容易忽略程序内容的说明部分,认为把程序写出来就好了,其他的都不重要。其实,如果程序的说明能够更清楚,则对自己是有很大帮助的。

建议一定要养成良好的 shell script 编写习惯,在每个 shell script 的文件头处编写如下信息。

- shell script 的功能。
- shell script 的版本信息。
- shell script 的作者与联络方式。
- shell script 的版权声明方式。
- shell script 的历史记录(History)。
- shell script 的绝对路径(shell script 为较特殊的命令,需要使用"绝对路径"的方式来执行)。
- 预先声明与设置 shell script 运行时需要的环境变量。

除了记录这些信息,在较为特殊的程序部分中,建议加上注解说明。此外,程序的编写建议使用嵌套方式,最好能以"Tab"键的空格缩排。这样程序会显得非常漂亮、有条理,人们可以很轻松地阅读与调试程序。另外，在编写 shell script 时，推荐使用 vim 而不是 vi，因为 vim 有额外的语法检验机制，能够在第一阶段编写时就发现语法方面的问题。

知识 4　利用 test 命令

当需要检测系统中的某些文件或相关的属性时，利用 test 命令是最好不过的选择。举例来说，当要检测/dmtsai 目录是否存在时，可以使用：

```
[root@Linux7-1 ~]# test -e /dmtsai
```

运行结果并不会显示任何信息，但最后可以通过 "$?" "&&" "||" 来显示整个结果。例如，我们可以将上面的例子改写为（也可以试试/etc 目录是否存在）：

```
[root@Linux7-1 ~]# test -e /dmtsai && echo "exist" || echo "Not exist"
Not exist
```

test 命令各选项的作用如表 3-9 所示。

表 3-9　test 命令各选项的作用

选项	作用
关于某个文件名的"文件类型"判断，如 test -e filename 表示文件名是否存在	
-e	判断该文件名是否存在（常用）
-f	判断该文件名是否存在且为文件（File）（常用）
-d	判断该文件名是否存在且为目录（Directory）（常用）
-b	判断该文件名是否存在且是否为块特殊文件，如果文件存在且为块特殊文件，则返回 0（表示 true，即条件成立），否则返回 1（表示 false，即条件不成立）（常用）
-c	判断该文件名是否存在且为一个 character device 设备
-S	判断该文件名是否存在且为一个 Socket 文件
-p	判断该文件名是否存在且为一个 FIFO（pipe）文件
-L	判断该文件名是否存在且为一个连结文档
关于文件的权限检测，如 test -r filename 表示可读（但 root 权限常有例外）	
-r	检测该文件名是否存在且具有"可读"的权限
-w	检测该文件名是否存在且具有"可写"的权限
-x	检测该文件名是否存在且具有"可运行"的权限
-u	检测该文件名是否存在且具有 SUID 的属性
-g	检测该文件名是否存在且具有 SGID 的属性
-k	检测该文件名是否存在且具有 SBIT 的属性
-s	检测该文件名是否存在且为非空白文件
两个文件之间的比较，如 test file1 -nt file2	
-nt	判断 file1 是否比 file2 新（newer than）
-ot	判断 file1 是否比 file2 旧（older than）
-ef	判断 file1 与 file2 是否为同一个文件，可用在 hard link 的判定上。主要意义在于判定两个文件是否均指向同一个 inode
关于两个整数之间的判定，如 test n1 -eq n2	

续表

选项	作用
-eq	判定两数值是否相等（equal）
-ne	判定两数值是否不等（not equal）
-gt	判定 n1 是否大于 n2（greater than）
-lt	判定 n1 是否小于 n2（less than）
-ge	判定 nl 是否大于或等于 n2（greater than or equal）
-le	判定 n1 是否小于或等于 n2（less than or equal）
判定字符串数据	
test -z string	判定字符串是否为 0？如果 string 为空字符串，则为 true
test -n string	判定字符串是否非 0？如果 string 为空字符串，则为 false 注：-n 也可省略
test str1= str2	判定 str1 是否等于 str2，如果相等，则回传 true
test str1 != str2	判定 str1 是否不等于 str2，如果相等，则回传 false
多重条件判定，如 test -r filename -a -x filename	
-a	两个状况同时成立。例如，test -r file -a -x file，当 file 同时具有 r 与 x 的权限时，才回传 true（and）
-o	两个状况中任何一个成立。例如，test -r file -o -x file，当 file 具有 r 或 x 的权限时，就可回传 true（or）
!	反向状态，如 test ! -x file，当 file 不具有 x 时，回传 true

现在我们就利用 test 命令来写几个简单的例子。首先让用户输入一个文件名，然后进行如下判断。

判断文件名是否存在，如果该文件名不存在，则输出"Filename does not exist"的信息，并中断程序；如果该文件名存在，则判断其是文件还是目录，结果输出"Filename is regular file"或"Filename is directory"的信息。

判断一下，执行者的身份对这个文件或目录所拥有的权限，并输出权限数据。

注意：可以先自行创建文件，再与下面的结果进行比较。可以利用 test 命令与"&&""||"等标志。

```
[root@Linux7-1 ~]# vim sh02.sh
#!/bin/bash
# program:
# This program shows "Hello World!" in your screen.
# History:
# 2024/04/23 jhon Firstrelease
PATH=/bin:/sbin:/usr/bin:/usr/sbin:/usr/local/bin:/usr/local/sbin:~/bin
export PATH

# 让用户输入文件名，并且判断用户是否输入了字符串
echo -e "Please input a filename, I will check the filename's type and permission. \n\n"
read -p "Input a filename: " filename
test -z $filename && Echo"You MUST input afilename." && exit 0
# 判断文件名是否存在，若不存在，则显示信息并结束脚本
```

```
test ! -e $filename && echo "The filename '$filename' DO NOT exist" && exit 0
# 开始判断文件的类型与属性
test -f $filename && filetype="regulare file"
test -d $filename && filetype="directory"
test -r $filename && perm="readable"
test -w $filename && perm="$perm writable"
test -r $filename && perm="$perm executable"
# 开始输出信息
echo "The filename: $filename is a $filetype"
echo "And the permissions are: $perm"
```

运行结果如下。

```
[root@Linux7-1 scripts]# sh sh05.sh
```

运行这个脚本后，会对输入的文件名进行检查。先判断文件名是否存在，再判断其是文件还是目录，最后判断权限。但必须注意的是，由于 root 用户在许多方面具有超越普通用户权限的权限，因此在使用 root 权限执行该脚本时，常常会发现其输出结果与使用 ls -l 命令观察到的结果存在差异。所以，建议使用普通用户权限来运行该脚本。不过必须先使用 root 用户身份将这个脚本转移给普通用户，否则普通用户无法进入/root 目录。

知识 5 利用判断符号（[]）

除了利用 test 命令，还可以利用判断符号"[]"（中括号）进行数据的判断。举例来说，如果想要知道$HOME 变量是否为空，则可以这样做：

```
[root@Linux7-1 ~]# [-z "$HOME"] ; echo $?
```

-z string 的含义是，如果 string 的长度为零，则为真。在使用中括号时需要特别注意，因为中括号被用在很多地方，包括通配符与正则表达式等，所以如果要在 bash 的语法当中使用中括号作为 shell 的判断式，则要注意中括号的两端需要有空格字符来分隔。假设空格字符使用"□"符号表示，那么下面这些地方都需要有空格字符。

```
[□"$HOME"□==□"$MAIL"□]
```

注意：上面的判断式中使用了两个等号"＝＝"。其实在 bash 中使用一个等号与使用两个等号的结果是一样的。不过在一般惯用的程序写法中，一个等号代表"变量的设置"，而两个等号代表"逻辑判断（是否之意）"。由于中括号内的重点在于"逻辑判断"而非"变量的设置"，因此建议使用两个等号。

上面的例子表示两个字符串$HOME 与$MAIL 是否相同，相当于 test $HOMIE=$MIAIL。如果没有空格字符分隔，如写成"[$HONE=＝$MAIL]"，bash 就会显示错误信息。因此，一定要注意以下几点。

- 中括号中的每个组件都需要有空格字符分隔。

- 中括号中的变量最好都使用双引号引起来。
- 中括号中的常数最好都使用单引号或双引号引起来。

为什么要这么麻烦呢？举例来说，假如设置了 name="jhon"，并进行如下判断。

```
[root@Linux7-1 ~]# name="jhon wang"
[root@Linux7-1 ~]# [$name == "jhon"]
bash: [: too many arguments]
```

bash 显示的错误信息是 "：too many arguments"，这是因为如果没有使用双引号引起来 $name，则上面的判断会变成：

```
[ jhon== "jhon"]
```

上面的表达式肯定不对，因为一个判断式仅能对两个数据进行比对，上面的 jhon、wang 及 ""jhon"" 就有 3 个数据了，正确的写法如下。

```
["jhon wang" == "jhon"]
```

另外，中括号的使用方法与 test 命令的使用方法几乎一模一样，只是中括号经常用在条件判断式 if…then…fi 中。

现在，我们使用中括号来设计一个小案例，案例要求如下。

- 当运行一个程序时，这个程序会让用户选择 Y 或 N。
- 如果用户输入 Y 或 y，则显示 "OK, continue"。
- 如果用户输入 N 或 n，则显示 "Oh, interrupt！"。
- 如果用户输入的是除 Y/y/N/n 以外的其他字符，则显示 "I don't know what your choice is"。

分析：需要使用中括号、&&、||。

```
[root@Linux7-1 scripts]# vim sh03.sh
#!/bin/bash
# program:
# This program shows "Hello World!" in your screen.
# History:
# 2024/04/23 jhon Firstrelease
PATH=/bin:/sbin:/usr/bin:/usr/sbin:/usr/local/bin:/usr/local/sbin:~/bin
export PATH

read -p "Please input (Y/N): " yn
[ "$yn" == "Y" -o "$yn" == "y" ] && echo "OK, continue" && exit 0
[ "$yn" == "N" -o "$yn" == "n" ] && echo "Oh, interrupt!" && exit 0
echo "I don't know what your choice is" && exit 0
```

运行结果如下。

```
[root@Linux7-1 scripts]# sh sh03.sh
Please input (Y/N): Y
```

```
OK, continue
```

提示：输入正确（Yes）的方法没有大小写之分，输入大写 Y 或小写 y 都是可以的，此时判断式内要有两个判断才行。由于任何一个输入（Y/y）成立即可，因此这里使用-o（或）选项连接两个判断。

知识 6　利用 if…then

if…then 是十分常见的条件判断式。简单地说，就是当符合某个条件判断时，就进行某项工作。if…then 的条件判断还有多层的情况，我们将逐一介绍。

1.　单层、简单条件判断式

如果只有一个条件判断式要进行，则其语法格式如下。

```
if[条件判断式]; then
当条件判断式成立时，可以进行的命令工作内容
fi #将 if 反过来写，就成为 fi，有结束 if 之意
```

至于条件判断式的判断方法，与知识 5 中的介绍相同。比较特别的是，如果有多个条件需要判断，则除了可以使用 sh03.sh 脚本中的缩写形式，也就是将多个条件写入一个中括号，还可以使用多个中括号来隔开。而中括号与中括号之间，则以 "&&" 或 "‖" 来隔开，其意义介绍如下。

- "&&" 表示 AND。
- "‖" 表示 OR。

所以，在使用了中括号的判断式中，"&&" "‖" 就与命令执行的状态不同了。举例来说，sh03.sh 脚本中的条件判断式可以进行如下修改。

```
"$yn" == "Y" -o "$yn" == "y"
```

上式可替换为：

```
["$yn" == "Y" ] || ["$yn" == "y"]
```

下面将 sh03.sh 脚本修改为 if…then 的样式。

```
[root@Linux7-1 scripts]# cp sh03.sh sh03-2.sh
[root@Linux7-1 scripts]# vim sh03-2.sh
#!/bin/bash
# program:
# This program shows "Hello World!" in your screen.
# History:
# 2024/04/23 jhon Firstrelease
PATH=/bin:/sbin:/usr/bin:/usr/sbin:/usr/local/bin:/usr/local/sbin:~/bin
export PATH
```

```
read -p "Please input (Y/N): " yn

if [ "$yn" == "Y" ] || [ "$yn" == "y" ] ; then
      echo "OK, continue"
      exit 0
fi
if [ "$yn" == "N" ] || [ "$yn" == "n" ] ; then
      echo "Oh, interrupt!"
      exit 0
fi
echo "I don't know what your choice is" && exit 0
```

运行结果如下。

```
[root@Linux7-1 scripts]# sh sh03-2.sh
Please input (Y/N): Y
OK, continue
```

sh03.sh 脚本比较简单，但是如果以逻辑为概念来看，在上面的示例中，我们使用了两个条件判断式。明明仅有一个$yn 变量，为何需要进行两次比较呢？此时，最好使用多重条件判断式。

2. 多重、复杂条件判断式

在同一个数据的判断中，如果该数据需要进行多种不同的判断，那么应该怎么做呢？举例来说，在 sh03.sh 脚本中，如果只想进行一次$yn 变量的判断（仅进行一次 if 判断），不想进行多次 if 判断，则此时必须用到下面的语法。

```
# 一个条件判断，分为成功进行与失败进行（else）
if [条件判断式]; then
当条件判断式成立时，可以进行的命令工作内容
else
当条件判断式不成立时，可以进行的命令工作内容
fi
```

如果考虑更复杂的情况，则可以使用下面的语法。

```
# 多个条件判断（if…elif…elif…else）分多种不同的情况运行
if [条件判断式一]; then
当条件判断式一成立时，可以进行的命令工作内容
elif[条件判断式二]; then
当条件判断式二成立时，可以进行的命令工作内容
else
当条件判断式一与条件判断式二均不成立时，可以进行的命令工作内容

fi
```

注意：由于 elif 也是一个判断式，因此 elif 后面都要接 then。但是 else 后面已经是最后且没有成立的结果了，所以 else 后面并没有 then。

我们将 sh03-2.sh 脚本改写成这样：

```
[root@Linux7-1 scripts]# cp sh03-2.sh sh03-3.sh
[root@Linux7-1 scripts]# vim sh03-3.sh
#!/bin/bash
# program:
# This program shows "Hello World!" in your screen.
# History:
# 2024/04/23 jhon Firstrelease
PATH=/bin:/sbin:/usr/bin:/usr/sbin:/usr/local/bin:/usr/local/sbin:~/bin
export PATH

read -p "Please input (Y/N): " yn

if [ "$yn" == "Y" ] || [ "$yn" == "y" ] ; then
        echo "OK, continue"
elif [ "$yn" == "N" ] || [ "$yn" == "n" ] ; then
        echo "Oh, interrupt!"
else
        echo "I don't know what your choice is" && exit 0
fi
```

运行结果如下。

```
[root@Linux7-1 scripts]# sh sh03-3.sh
Please input (Y/N): Y
OK, continue
```

程序变得很简单，而且依序进行判断可以避免重复判断的状况，这样很容易设计程序。

下面再来进行另外一个案例的设计。一般来说，如果你不希望用户通过键盘输入额外的数据，那么可以使用知识 5 中提到的参数功能（$1），让用户在执行命令时就将参数带进去。现在我们想让用户输入"hello"这个关键字，可以利用参数的方法并按照以下内容依序设计。

- 判断$1 是否为 hello，如果是，则显示"Hello, how are you？"。
- 如果没有添加任何参数，则提示用户必须使用的参数。
- 如果添加的参数不是 hello，则提醒用户仅能使用 hello 作为参数。

整个程序如下。

```
[root@Linux7-1 scripts]# vim sh04.sh

#!/bin/bash
# program:
```

```
# Check $1 is equal to "hello"
# History:
# 2024/04/23 jhon Firstrelease
PATH=/bin:/sbin:/usr/bin:/usr/sbin:/usr/local/bin:/usr/local/sbin:~/bin
export PATH

if [ "$1" == "hello" ]; then
      echo "Hello, how are you ?"
elif [ "$1" == "" ]; then
      echo "You MUST input parameters, ex> {$0 someword}"
else
      echo "The only parameter is 'hello', ex> {$0 hello}"
fi
```

运行结果如下。

```
[root@Linux7-1 scripts]# sh sh04.sh hello
Hello, how are you ?
```

执行这个程序，在$1 的位置输入"hello"，没有输入或随意输入都可以看到不同的输出。下面我们继续来完成较复杂的案例。

我们在前面已经学会了 grep 命令，并学习了 netstat 命令，netstat 命令可以查询目前主机开启的网络服务端口（Service Ports）。我们可以利用 netstat -tuln 命令获取目前主机启动的网络服务，获取的信息如下。

```
[root@Linux7-1 scripts]# netstat -tuln
Active Internet connections (only servers)
Proto Recv-Q Send-Q Local Address           Foreign Address         State
tcp       0      0 127.0.0.1:631           0.0.0.0:*               LISTEN
tcp       0      0 127.0.0.1:25            0.0.0.0:*               LISTEN
tcp       0      0 127.0.0.1:6011          0.0.0.0:*               LISTEN
tcp       0      0 0.0.0.0:111             0.0.0.0:*               LISTEN
tcp       0      0 192.168.122.1:53        0.0.0.0:*               LISTEN
tcp       0      0 0.0.0.0:22              0.0.0.0:*               LISTEN
tcp6      0      0 ::1:631                 :::*                    LISTEN
tcp6      0      0 ::1:25                  :::*                    LISTEN
tcp6      0      0 ::1:6011                :::*                    LISTEN
tcp6      0      0 :::111                  :::*                    LISTEN
tcp6      0      0 :::22                   :::*                    LISTEN
# 封包格式      本地 IP 地址:端口      远程 IP 地址:端口           是否监听
```

上述信息的重点是"Local Address"（本地主机的 IP 地址与端口对应）那一列，表示的是本机所启动的网络服务。IP 地址决定了服务的访问范围，如果 IP 地址是 127.0.0.1，则表示该服务只能在本机上访问；而如果 IP 地址是 0.0.0.0，则表示该服务对所有网络接口开放，可以被互联网上的任何设备访问。端口是网络通信的通道，每个端口通常对应一种特定的网络服务。几个常见的 port 与相关网络服务的关系如下。

- 80：WWW。
- 22：SSH。
- 21：FTP。
- 25：Mail。
- I11：RPC（远程程序呼叫）。
- 631：CUPS（打印服务功能）。

如果需要检测的是比较常见的 port 21、port 22、port 25 及 port 80，则如何通过 netstat 命令去检测主机是否开启了这 4 个主要的网络服务端口呢？由于每个网络服务的关键字都在冒号 ":" 后面，所以可以选取类似 ":80" 的模式来检测。请看下面的程序。

```
[root@Linux7-1 scripts]# vim sh05.sh

#!/bin/bash
# program:
#       Using netstat and grep to detect WWW,SSH,FTP and Mail services.
# History:
# 2024/04/23 jhon Firstrelease
PATH=/bin:/sbin:/usr/bin:/usr/sbin:/usr/local/bin:/usr/local/sbin:~/bin
export PATH

# 先做一些 "告诉" 的动作
echo "Now, I will detect your Linux server's services!"
echo -e "The www, ftp, ssh, and mail will be detect! \n"

# 先做一些 "告诉" 的动作
echo "Now, I will detect your Linux server's services!"
echo -e "The www, ftp, ssh, and mail will be detect! \n"

# 开始进行一些测试的工作，并且也输出一些信息
testing=$(netstat -tuln | grep ":80") # 检测 port 80 是否存在
if [ "$testing" != "" ]; then
        echo "WWW is running in your system."
fi
testing=$(netstat -tuln | grep ":22") # 检测 port 22 是否存在
if [ "$testing" != "" ]; then
        echo "SSH is running in your system."

fi
testing=$(netstat -tuln | grep ":21") # 检测 port 21 是否存在
if [ "$testing" != "" ]; then
        echo "FTP is running in your system."
```

```
fi
testing=$(netstat -tuln | grep ":25") # 检测 port 25 是否存在
if [ "$testing" != "" ]; then
        echo "Mail is running in your system."
fi
```

运行结果如下。

```
[root@Linux7-1 scripts]# sh sh05.sh
Now, I will detect your Linux server's services!
The www, ftp, ssh, and mail will be detect!

SSH is running in your system.
Mail is running in your system.
```

实际运行这个程序就可以看到主机有没有启动这些网络服务，这是一个很有趣的程序。

知识 7 利用 case…in…esac

知识 6 中提到的 if…then…fi 对于变量的判断是通过"比较"的方式来进行的，如果符合状态就进行某些行为，并且通过多层次（就是 elif…）的方式来进行含多个变量的程序编写，如 sh05.sh 脚本就是用这样的方式来编写的。但是，假如有多个既定的变量内容，如 sh04.sh 脚本，所需要的变量为"hello"和空字符，那么这时只要针对这两个变量来设置情况就可以了。这时使用 case…in…esac 最方便，其语法格式如下。

```
case $变量 in          #关键字为 case，变量前有"$"符号
"第一个变量内容")        #每个变量内容建议使用双引号引起来，关键字则使用小括号括起来
程序段
;;                    #每个类别结尾使用两个连续的分号来处理
"第二个变量内容")
程序段
;;
*)                    #最后一个变量内容会使用"*"符号代表所有其他值
不包含第一个变量内容与第二个变量内容的其他程序运行段
exit 1
;;
esac                  #最终以 esac 结尾，思考一下 case 反过来写是什么
```

要注意的是，上述语法以 case 开头，结尾是将 case 反过来写。另外，每个变量内容的程序段后面都需要两个分号（;）来表示该程序段落的结束。那么，为何需要有变量内容在最后呢？这是因为如果用户输入的不是第一个变量内容或第二个变量内容，则我们可以告诉用户相关的信息。将 sh05.sh 脚本的案例继续修改。

```
[root@Linux7-1 scripts]# vim sh04-2.sh
#!/bin/bash
```

```
# program:
#       Show "hello" from $1.... by using case .... esac
# History:
# 2024/04/23 jhon Firstrelease
PATH=/bin:/sbin:/usr/bin:/usr/sbin:/usr/local/bin:/usr/local/sbin:~/bin
export PATH

case $1 in
    "hello")
    echo "Hello, how are you ?"
    ;;
"")
    echo "You MUST input parameters, ex> {$0 someword}"
    ;;
*) # 其实相当于通配符，表示 0 到无穷多个任意字符
    echo "Usage $0 {hello}"
esac
```

运行结果如下。

```
[root@Linux7-1 scripts]# sh sh04-2.sh
You MUST input parameters, ex> {sh04-2.sh someword}
[root@Linux7-1 scripts]# sh sh04-2.sh smile
Usage sh04-2.sh {hello}
[root@Linux7-1 scripts]# sh sh04-2.sh hello
Hello, how are you ?
```

在 sh04-2.sh 脚本的案例中，如果输入"sh sh04-2.sh smile"，则屏幕上会出现"Usage sh04-2.sh {hello}"的字样，告诉用户仅能够使用 hello。这样的方式对于需要某些固定字符作为变量内容来执行的程序就显得更加方便。另外，系统很多服务的启动脚本都使用这种写法。

一般来说，在使用"case$变量 in"时，其中的"$变量"一般有以下两种获取方式。

- 直接执行式：例如上面提到的，利用"script.sh variable"的方式直接给出$1 变量的内容，这也是在/etc/init.d 目录中大多数程序的设计方式。
- 互动式：通过 read 命令让用户输入变量的内容。

下面以一个例子来进一步说明：让用户能够输入 one、two、three，并且将用户的变量显示到屏幕上，如果不是 one、two、three，则告诉用户仅有这 3 种选择。

```
[root@Linux7-1 scripts]# vim sh06.sh
#!/bin/bash
# program:
#       This script only accepts the flowing parameter: one, two or three.
# History:
# 2024/04/23 jhon Firstrelease
PATH=/bin:/sbin:/usr/bin:/usr/sbin:/usr/local/bin:/usr/local/sbin:~/bin
export PATH
```

```
echo " This program will print your selection."
# read -p "Input your choice:" choice
# case $choice in
case $1 in
 "one")
        echo " Your choice is ONE"
        ;;
 "two")
        echo " Your choice is TWO"
        ;;
 "three")
        echo " Your choice is THREE"
        ;;
 *)
        echo " Usage $0 {one|two|three}"
        ;;
esac
```

运行结果如下。

```
[root@Linux7-1 scripts]# sh sh06.sh two
 This program will print your selection.
 Your choice is TWO
[root@Linux7-1 scripts]# sh sh06.sh test
 This program will print your selection.
 Usage sh06.sh {one|two|three}
```

此时，可以使用"sh sh06.sh two"的方式来执行命令。上面使用的是直接执行式，而如果使用互动式，则需要将上面第 10、11 行中的"#"去掉，并在第 12 行添加"#"，这样就可以让用户输入参数了。

知识 8　利用 while…do…done、until…do…done（不定循环）

一般来说，不定循环较常见的方式有两种：while…do…done、until…do…done。

while…do…done 的语法格式如下。

```
while [ 条件判断式 ]          #中括号内的状态就是条件判断式
do                          #do 是循环的开始
     程序段
done                        #done 是循环的结束
```

while 的含义是"当……时"，所以，这种方式表示当条件判断式成立时，就进行循环，直到条件判断式不成立才终止。

until…do…done 的语法格式如下。

```
until [ 条件判断式 ]
do
     程序段
done
```

这种方式恰恰与 while…do…done 相反，它表示当条件判断式成立时，就终止循环，否则就持续运行循环的程序段。我们以 while…do…done 做一个简单的练习。假设用户只有输入"yes"或"YES"才能结束程序的运行，否则就一直运行并提示用户输入字符。

```
[root@Linux7-1 scripts]# vim sh07.sh

#!/bin/bash
# program:
#         Repeat question until user input correct answer.
# History:
# 2024/04/23 jhon Firstrelease
PATH=/bin:/sbin:/usr/bin:/usr/sbin:/usr/local/bin:/usr/local/sbin:~/bin
export PATH

while [ "$yn" != "yes" -a "$yn" != "YES" ]
do
     read -p " Please input yes/YES to stop this program: " yn
done
echo " Ok, you input the correct answer."
```

上面这个练习表明，当$yn 变量不为 yes 且也不为 YES 时，才运行循环内的程序段；而当$yn 变量为 yes 或 YES 时，才会终止循环。那如果使用 until…do…done 呢？

```
[root@Linux7-1 scripts]# vim sh07-2.sh

#!/bin/bash
# program:
#         Repeat question until user input correct answer.
# History:
# 2024/04/23 jhon Firstrelease
PATH=/bin:/sbin:/usr/bin:/usr/sbin:/usr/local/bin:/usr/local/sbin:~/bin
export PATH

until [ "$yn" != "yes" -a "$yn" != "YES" ]
do
     read -p " Please input yes/YES to stop this program: " yn
done
echo " Ok, you input the correct answer."
```

提示：仔细比较这两个程序的不同。

知识 9　利用 for…do…done（固定循环）

while…do…done、until…do…done 必须符合某个条件才进行循环，而 for…do…done 则是已经知道要进行几次循环了，其语法格式如下。

```
for var in con1 con2 con3 …
do
     程序段
done
```

对上面的例子来说，$var 变量在循环时，会发生以下改变。

- 在第一次循环时，$var 变量的内容为 con1。
- 在第二次循环时，$var 变量的内容为 con2。
- 在第三次循环时，$var 变量的内容为 con3。

我们可以做一个简单的练习。假设有 3 种动物，分别是 dog、cat、elephant，如果每行都要求按照 "There are dogs…" 的样式输出，则可以这样编写程序。

```
[root@Linux7-1 scripts]# vim sh08.sh

#!/bin/bash
# program:
#       Using for ... loop to print 3 animals
# History:
# 2024/04/23 jhon Firstrelease
PATH=/bin:/sbin:/usr/bin:/usr/sbin:/usr/local/bin:/usr/local/sbin:~/bin
export PATH

for animal in dog cat elephant
do
        echo "There are ${animal}s..."
done
```

运行结果如下。

```
[root@Linux7-1 scripts]# sh sh08.sh
There are dogs...
There are cats...
There are elephants...
```

任务拓展

1. 基本脚本编写

目标：编写一个基本的 shell script，实现简单的任务自动化。

步骤：

（1）创建一个脚本，该脚本接受文件名作为参数。检查文件是否存在，如果存在，则显示文件内容，否则显示错误消息。

（2）脚本应能处理多个文件名参数，依次检查每个文件。

（3）使用位置参数"$1, $2, …"或"$@"来处理输入参数。

2. 条件判断和循环

目标：利用条件语句和循环增强脚本的决策功能。

步骤：

（1）编写一个脚本，使用 for…do…done 遍历指定目录中的所有文件。

（2）对于每个文件，使用 if…then 判断其类型（如文本文件、目录等），并打印相应的信息。

（3）使用 while…do…done 创建一个可以不断执行命令直到用户选择退出的菜单系统。

项目小结

本项目通过分层次的任务和实战练习，系统地介绍了如何在实际环境中熟练使用 vim 编辑器和 shell 的环境变量，以及如何进行输入/输出重定向与管道操作，最终达到深入理解和应用 shell 编程的目的。从基础的命令和编辑技能到复杂的脚本编写和自动化任务，每部分都旨在提升读者的技术熟练度和解决问题的能力。

任务一着重于 vim 编辑器的多模式操作、个性化配置及其插件的使用，以提高编辑效率和程序代码管理能力。

任务二强调了 shell 环境变量的重要性，包括它们的定义、应用和在脚本中的使用，以及它们在系统配置中的作用。

任务三探索了命令行中的输入/输出重定向与管道操作，并讲解了如何通过这些工具优化数据处理和命令行任务。

任务四深入 shell 编程，介绍了脚本的结构、错误处理、调试及函数的使用，目的是增强脚本的可靠性和复用性，满足自动化和系统管理的需求。

整个项目通过理论知识与实战练习的结合，旨在全面提升读者在 Linux 环境下的操作技能和编程能力，确保能够在实际工作中高效地使用这些强大的工具。

提升练习

练习一：综合使用 vim 和 shell 命令。

目标：在单一 vim 会话中使用 shell 命令来处理文本。

步骤：

（1）在 vim 中打开一个日志文件。

（2）使用 vim 的外部命令功能（:!）调用 grep 命令来搜索特定的错误日志。

（3）使用 vim 的替换功能（:%s）修正这些错误日志中的常见格式错误。

（4）将处理后的日志内容保存到一个新文件中，并在 vim 中执行 shell 命令来压缩该文件。

练习二：shell script 与环境变量。

目标：编写一个 shell script，该脚本依赖环境变量来控制其行为。

步骤：

（1）编写一个脚本，根据环境变量 LOG_LEVEL（如 info、warning、error）过滤系统日志并显示相应级别的信息。如果没有设置 LOG_LEVEL，则默认显示所有级别的日志。

（2）提供一个选项来清除所有日志，仅在环境变量 ALLOW_LOG_CLEAR 被设置为 true 时才允许操作。

练习三：输入/输出重定向与管道的实际应用。

目标：创建一个数据处理管道，结合多个命令来分析和报告系统状态。

步骤：

（1）配合使用 ps 和 grep 命令查找所有正在运行的 Nginx 进程。

（2）将结果通过管道传递给 awk 命令，以提取 CPU 和内存使用情况。

（3）将最终结果重定向到一个名为 nginx_usage_report.txt 的文件中，并通过邮件发送给系统管理员。

练习四：shell script 的错误处理与调试。

目标：增强一个现有脚本的错误处理与调试功能。

步骤：

（1）选择一个实用的系统管理脚本，如备份脚本。

（2）增加错误处理逻辑，确保在关键操作失败时能够捕获错误并通知系统管理员。

（3）添加调试语句，使得在脚本执行时可以选择输出详细的执行信息。

（4）在脚本结束时添加清理代码，无论脚本执行是否成功都保证系统资源得到释放。

项目四　管理项目用户与组群

任务一　理解用户与组群文件

任务要求

知识要求：
（1）了解 Linux 用户与组群。
（2）熟练掌握 Linux 用户的创建与维护管理的方法。
（3）熟练掌握 Linux 组群的创建与维护管理的方法。
实施要求：能够使用用户账户文件和组群文件。
技术要求：具备管理用户和组群文件的技能。

任务实施

（1）课前，学生通过在线资源或教材学习/etc/passwd、/etc/shadow、/etc/login.defs、/etc/group 和/etc/gshadow 文件的结构与用途。

（2）课中，教师详细讲解每个文件的字段意义和文件间的关系，以及如何使用命令行查看和修改这些文件。

（3）课后，学生进行模拟练习，包括解读实际的文件内容和模拟编辑操作，以巩固对文件结构和命令使用的理解。

任务知识

知识 1　Linux 用户与组群

Linux 操作系统是多用户、多任务的操作系统，允许多个用户同时登录，使用系统资源。用户账户是用户的身份标识，用户通过用户账户可以登录系统，并且访问已经被授权的资源。系统依据用户账户来区分属于每个用户的文件、进程、任务，并给每个用户提供特定的工作环境（如用户的工作目录、shell 版本及图形化的环境配置等），使每个用户都能不受干扰地独立工作。

Linux 操作系统中的用户分为两种：普通用户和超级用户（root）。普通用户在系统中只能进行普通工作，只能访问他们拥有的或有权限执行的文件。超级用户也叫管理员用户，其任务是对普通用户账户和整个系统进行管理。超级用户对系统具有绝对的控制权，能够对系统进行一切操作，但操作不当很容易对系统造成损坏。

因此即使系统中只有一个用户，也应该在超级用户账户之外再建立一个普通用户账户，以保证该用户在进行普通工作时能通过普通用户账户登录系统。

在 Linux 操作系统中，为了方便管理员管理和用户工作，产生了组群的概念。组群是具有相同特性的用户的逻辑集合，使用组群有利于管理员按照用户的特性组织和管理用户，提高工作效率。有了组群，在进行资源授权时可以把权限赋予某个组群，组群中的成员即可自动获得这种权限。一个用户可以同时是多个组群的成员。其中，某个组群是该用户的主组群（私有组群），而其他组群为该用户的附属组群（标准组群）。表 4-1 列出了用户和组群的基本概念。

表 4-1　用户和组群的基本概念

概念	说明
用户名	用来标识用户的名称，可以是字母、数字组成的字符串，区分大小写
密码	用来验证用户身份的特殊验证码
用户标识（UID）	用来表示用户的数字标识符
用户主目录	用户的私人目录，也是用户登录系统后默认所在的目录
登录 shell	用户登录后默认使用的 shell 程序，默认为/bin/bash
组群	具有相同属性的用户属于同一个组群
组群标识（GID）	用来表示组群的数字标识符

root 用户的 UID 为 0，系统用户的 UID 为 1 到 999。普通用户的 UID 可以在创建用户时由管理员指定，如果不指定，则普通用户的 UID 默认从 1000 开始顺序编号。在 Linux 操作系统中，创建用户的同时会创建一个与用户同名的组群，该组群是用户的主组群。普通组群的 GID 也默认从 1000 开始顺序编号。

知识 2　理解用户文件与组群文件

用户账户信息和组群账户信息分别存放在用户文件与组群文件中。

1. 理解用户文件

（1）/etc/passwd 文件。

准备工作：创建新用户 bobby、user1、user2，将 user1 和 user2 用户添加到 bobby 组群中（后面任务中有详解）。

```
[root@Linux7-1 ~]# useradd bobby
[root@Linux7-1 ~]# useradd user1
[root@Linux7-1 ~]# useradd user2
```

```
[root@Linux7-1 ~]# usermod -G bobby user1
[root@Linux7-1 ~]# usermod -G bobby user2
```

在 Linux 操作系统中，所创建用户的账户及其相关信息（密码除外）均存放在/etc/passwd 文件中。使用 vim 编辑器（或者使用 cat /etc/passwd 命令）打开 passwd 文件，该文件的内容形式如下。

```
root:x:0:0:root:/root:/bin/bash
bin:x:1:1:bin:/bin:/sbin/nologin
bobby:x:1006:1006::/home/bobby:/bin/bash
user1:x:1007:1007::/home/user1:/bin/bash
user2:x:1008:1008::/home/user2:/bin/bash
```

文件中的每行都代表一个用户的信息，可以看到第一个用户账户是 root，后面是一些标准账户，此类账户的 shell 为/sbin/nologin，代表无本地登录权限。最后 3 行是由系统管理员创建的普通账户：bobby、user1、user2。

/etc/passwd 文件的每行都被 ":" 分隔为 7 个字段，各字段的内容如下。

用户名:加密密码:UID:GID:用户描述信息:主目录:命令解释器

/etc/passwd 文件中各字段的说明如表 4-2 所示，其中，少数字段的内容可以为空，但仍需使用 ":" 进行占位来表示该字段。

表 4-2　/etc/passwd 文件中各字段的说明

字段	说明
用户名	用户账户名称，用户登录时所使用的用户名
加密密码	用户密码，考虑系统的安全性，现在已经不再使用该字段保存密码，而使用字母 "x" 来填充该字段，真正的密码保存在/etc/shadow 文件中
UID	用户标识，唯一表示某用户的数字标识符
GID	用户所属的主组群标识，该数字对应/etc/group 文件中的 GID
用户描述信息	关于用户全名、用户电话等描述性信息，是可选的
主目录	用户的宿主目录，用户成功登录后的默认目录
命令解释器	用户所使用的 shell，默认为/bin/bash

（2）/etc/shadow 文件。

由于所有用户对/etc/passwd 文件均有读取权限，为了增强系统的安全性，经过加密的密码都存放在/etc/shadow 文件中。/etc/shadow 文件只对 root 用户可读，因而大大提高了系统的安全性。/etc/shadow 文件的内容形式如下。

```
root:$6$AciLpJkFji1lgo2u$i9TpvPj7104u3EoJqjhv51eW5inw0lqy9AD1HCuO0ekV0NV
e0bHw8znjO2E9MBVGOR9sd9sK7DF3/9hc08s8n0::0:99999:7:::
bin:*:18353:0:99999:7:::
bobby:!!:19840:0:99999:7:::
user1:!!:19840:0:99999:7:::
user2:!!:19840:0:99999:7:::
```

/etc/shadow 文件用于存放加密之后的密码，以及与密码相关的一系列信息，每个用户的信息在/etc/shadow 文件中占用一行，并且每行都被 ":" 分隔为 9 个字段，各字段的说明如表 4-3 所示。

表 4-3　/etc/shadow 文件中各字段的说明

字段	说明
1	用户登录名
2	加密后的用户密码，"*" 表示非登录用户，"!!" 表示未设置密码
3	从 1970 年 1 月 1 日起，到用户最近一次更改密码的天数
4	从 1970 年 1 月 1 日起，到用户可以更改密码的天数，即最短密码存活期
5	从 1970 年 1 月 1 日起，到用户必须更改密码的天数，即最长密码存活期
6	密码过期前几天提醒用户更改密码
7	密码过期后几天账户被禁用
8	密码被禁用的具体日期（通常使用 1970 年 1 月 1 日至被禁用时的天数表示）
9	保留域，用于功能扩展

（3）/etc/login.defs 文件。

在创建用户时会根据/etc/login.defs 文件的配置设置用户账户的某些选项，该文件的有效设置内容及中文注释如下。

```
MAIL_DIR/var/spool/mail              //用户邮箱目录
MAIL_FILE.mail

PASS_MAX_DAYS99999                   //账户密码最长有效天数
PASS_MIN_DAYS0                       //账户密码最短有效天数
PASS_MIN_LEN5                        //账户密码的最小长度
PASS_WARN_AGE7                       //账户密码过期前提前警告用户的天数

UID_MIN          1000                //用 useradd 命令创建用户时自动产生的最小 UID 值
UID_MAX          60000               //用 useradd 命令创建用户时自动产生的最大 UID 值
GID_MIN          1000                //用 groupadd 命令创建用户时自动产生的最小 GID 值
GID_MAX          60000               //用 groupadd 命令创建用户时自动产生的最大 GID 值
USERDEL_CMD/usr/sbin/userdel_local   //如果定义，则在删除用户时执行，以删除相应用
户的计划作业和打印作业等
CREATE_HOMEyes                       //在创建用户时是否为用户创建主目录
```

2. 理解组群文件

组群的账户信息存放在/etc/group 文件中，而关于组群的管理信息（组群密码、组群管理员等）则存放在/etc/gshadow 文件中。

（1）/etc/group 文件。

/etc/group 文件位于/etc 目录中，用于存放用户的组群账户信息，任何用户都可以读取该文件的内容。每个组群的账户信息在/etc/group 文件中都占用一行，并且每行都被 ":" 分隔为 4 个字段，各字段的内容如下（使用 cat /etc/group）。

组群名称:组群密码（一般为空，用 x 占位）:GID:组群成员列表

/etc/group 文件的内容形式如下。

```
root:x:0:
bin:x:1:
daemon:x:2:
bobby:x:1006:user1,user2
user1:x:1007:
user2:x:1008:
```

可以看出，root 用户的 GID 为 0，没有其他组群成员。/etc/group 文件的组群成员列表中如果有多个用户都属于同一个组群，则各成员之间以 "," 分隔。在/etcgroup 文件中，用户的主组群并不把该用户作为成员列出，只有用户的附属组群才会把该用户作为成员列出。例如，bobby 用户的主组群是 bobby，但/etc/group 文件中 bobby 组群的成员列表中并没有 bobby 用户，只有 user1 和 user2 用户。

（2）/etc/gshadow 文件。

/etc/gshadow 文件用于存放组群的加密密码、组群的管理员等信息，该文件只有 root 用户可以读取。每个组群的管理信息在/etc/gshadow 文件中都占用一行，并且每行都被 ":" 分隔为 4 个字段，各字段的内容如下。

组群名称:组群的加密密码（没有就用 "!"）:组群的管理员:组群成员列表

/etc/gshadow 文件的内容形式如下。

```
root:::
bin:::
daemon:::
bobby:!::user1,user2
user1:!::
user2:!::
```

任务拓展

1. 创建与管理用户

目标：学习如何在 Linux 操作系统中创建用户，理解用户属性。

步骤：

（1）使用 useradd 命令创建新用户 newuser，并指定其主目录和默认 shell。

（2）设置 newuser 用户的密码。

（3）使用 id 命令查看 newuser 用户的 UID 和 GID。

2. 使用 usermod 命令修改 newuser 用户的 UID。

学生记录每步命令的输出，并解释每个步骤的意义。

3. 创建与管理组群

目标：练习创建与管理 Linux 操作系统中的组群。

步骤：

（1）创建一个新组群 newgroup。

（2）将 newuser 用户添加到 newgroup 组群中。

（3）使用 gpasswd 命令将 newuser 用户添加到 newgroup 组群中，并将其设为组群管理员。

（4）列出 newgroup 组群的所有成员。

（5）讨论为何要使用组群管理，并探讨组群管理员这一角色。

4. 文件权限与安全

目标：了解文件权限对系统安全的影响。

步骤：

（1）在 newuser 用户的主目录中创建两个文件 file1 和 file2。

（2）改变 file1 文件的权限，使组群成员对其具有写入权限。

（3）改变 file2 文件的权限，使其对其他用户不可见。

（4）以 newuser 用户身份尝试访问这两个文件，并记录结果。

（5）学生讨论不同权限的设置对用户数据安全的影响。

任务二　管理用户

任务要求

知识要求：理解并掌握使用 useradd、userdel、usermod、passwd、chage 等命令的方法。

实施要求：熟悉 Linux 操作系统用户和组群的管理机制，包括用户和组群的配置文件（如/etc/passwd、/etc/shadow、/etc/group、/etc/gshadow 等）的结构和内容。

任务实施

（1）课前，学生自行研究 Linux 操作系统中用户和组群的创建、删除及修改命令（如 useradd、chage、usermod 等）。

（2）课中，教师演示如何在实际 Linux 操作系统中创建用户和组群，并展示如何设置用户密码和组群属性。

（3）课后，学生根据教师提供的场景，自行在虚拟机或实验环境中进行用户和组群的添加、删除及修改操作，实践学习内容。

任务知识

知识 1　创建用户

在 Linux 操作系统中，可以使用 useradd 或 adduser 命令创建用户。useradd 命令的语法格式如下。

```
useradd [选项] <username>
```

useradd 命令的常用选项如表 4-4 所示。

表 4-4　useradd 命令的常用选项

选项	说明
-c comment	用户的注释性信息
-d home_dir	指定用户的主目录
-e expire_date	禁用账户的日期，格式为 YYYY-MM-DD
-f inactive_days	设置账户过期多少天后被禁用。如果为 0，则账户过期后将立即被禁用；如果为-1，则账户过期后不被禁用
-g initial_group	用户所属主组群的组群名称或 GID
-G group-list	用户所属的附属组群列表，多个组群之间使用逗号分隔
-m	如果用户主目录不存在，则创建它
-M	不创建用户主目录
-n	不为用户创建用户主组群
-p passwd	加密的密码
-r	创建 UID 小于 1000 的，不包含主目录的系统用户
-s shell	指定用户的登录 shell，默认为/bin/bash
-u UID	指定用户的 UID，它必须是唯一的，且大于 999

【例 4-1】创建用户 user3，UID 为 1010，指定其所属的主组群为 group1（group1 组群的 GID 为 1010），用户的主目录为/home/user3，用户的 shell 为/bin/bash，用户的密码为123456，账户永不过期。

```
[root@Linux7-1 ~]# groupadd -g 1010 group1
[root@Linux7-1 ~]# useradd -u 1010 -g 1010 -d /home/user3 -s /bin/bash -p
123456 -f -1 user3
[root@Linux7-1 ~]# tail -l /etc/passwd
test:x:1000:1000:test:/home/test:/bin/bash
myquota1:x:1001:1001::/home/myquota1:/bin/bash
myquota2:x:1002:1001::/home/myquota2:/bin/bash
myquota3:x:1003:1001::/home/myquota3:/bin/bash
```

```
myquota4:x:1004:1001::/home/myquota4:/bin/bash
myquota5:x:1005:1001::/home/myquota5:/bin/bash
bobby:x:1006:1006::/home/bobby:/bin/bash
user1:x:1007:1007::/home/user1:/bin/bash
user2:x:1008:1008::/home/user2:/bin/bash
user3:x:1010:1010::/home/user3:/bin/bash
```

如果该用户已经存在，则在执行 useradd 命令时，系统会提示该用户已经存在。

```
[root@Linux7-1 ~]# useradd user3
useradd: 用户"user3"已存在
```

知识 2　设置用户密码

1. passwd 命令

passwd 命令用于指定和修改用户密码。超级用户可以为自己和其他用户设置密码，而普通用户只能为自己设置密码。passwd 命令的语法格式如下。

```
passwd [选项][username]
```

passwd 命令的常用选项如表 4-5 所示。

表 4-5　passwd 命令的常用选项

选项	说明
-l	锁定（停用）用户账户
-u	密码解锁
-d	将用户密码设置为空，这与用户未设置密码不同。未设置密码的用户无法登录系统，而密码为空的用户可以登录系统
-f	强制用户在下次登录时必须修改密码
-n	指定密码的最短存活期
-x	指定密码的最长存活期
-w	密码到期前提前提醒用户的天数
-i	密码过期后多少天停用用户账户
-s	显示用户密码的简短状态信息

【例 4-2】假设当前用户为 root，则下面的两个命令分别用于 root 用户修改自己的密码和 root 用户修改 user1 用户的密码。

```
// root 用户修改自己的密码，直接使用 passwd 命令即可
[root@Linux7-1 ~]# passwd
更改用户 root 的密码
新密码
// root 用户修改 user1 用户的密码
[root@Linux7-1 ~]# passwd user1
更改用户 user1 的密码
新密码
```

需要注意的是，在普通用户修改密码时，passwd 命令会先询问原来的密码，只有验证通过才可以修改；而 root 用户在为用户指定密码时，不需要知道原来的密码。为了系统安全，用户应设置包含字母、数字和特殊符号的复杂密码，且密码长度应至少为 8 位。

如果密码复杂度不够，则系统会提示"无效的密码：密码未通过字典检查-它基于字典单词"。这时有两种处理方法，一种方法是再次输入刚才输入的简单密码，系统也会接受；另一种方法是更改为符合要求的密码。例如，P@ssw02d 是包含大小写字母、数字、特殊符号的 8 位字符组合。

2. chage 命令

要想修改用户密码，也可以使用 chage 命令实现。chage 命令的常用选项如表 4-6 所示。

表 4-6　chage 命令的常用选项

选项	说明
-l	列出用户密码的各属性值
-m	指定密码的最短存活期
-M	指定密码的最长存活期
-w	密码到期前提前提醒用户的天数
-I	密码过期后多少天停用用户账户
-E	用户账户到期作废的日期
-d	设置密码上一次修改的日期

【例 4-3】设置 user1 用户的密码最短存活期为 6 天，密码最长存活期为 60 天，密码到期前 5 天提醒用户修改密码。设置完成后可查看各属性值。

```
[root@Linux7-1 ~]# chage -m 6 -M 60 -W 5 user1
[root@Linux7-1 ~]# chage -l user1
最近一次密码修改时间：4 月 27, 2024
密码过期时间：6 月 26, 2024
密码失效时间：从不
账户过期时间：从不
两次改变密码之间相距的最小天数：6
两次改变密码之间相距的最大天数：60
在密码过期之前警告的天数：5
```

知识 3　维护用户账户

1. 修改用户账户

usermod 命令用于修改用户的属性，其语法格式为"usermod [选项] 用户名"。

前文曾反复强调，Linux 操作系统中的一切都是文件，因此在系统中创建用户也是修改配置文件的过程。用户的信息存放在/etc/passwd 文件中，可以直接使用文本编辑器来修改其中的用户参数项目，也可以使用 usermod 命令修改已经创建的用户信息，如用户的 UID、基本/扩展组群、默认终端等。usermod 命令的常用选项如表 4-7 所示。

表 4-7　usermod 命令的常用选项

选项	说明
-c	填写用户账户的备注信息
-m -d	选项-m 与选项-d 连用可重新指定用户的主目录并自动把旧的数据转移过去
-e	用户账户的到期时间，格式为 YYYY-MM-DD
-g	变更基本组群
-G	变更扩展组群
-L	锁定用户，禁止其登录系统
-U	解锁用户，允许其登录系统
-s	变更默认终端
-u	修改用户的 UID

大家不要被这么多选项难倒。我们先来看一下 user1 用户的默认信息。

```
[root@Linux7-1 ~]# id user1
uid=1007(user1) gid=1007(user1) 组=1007(user1),1006(bobby)
```

将 user1 用户添加到 root 组群中，这样扩展组群列表中会出现"root"的字样，而基本组群不会受到影响。

```
[root@Linux7-1 ~]# usermod -G root user1
[root@Linux7-1 ~]# id user1
uid=1007(user1) gid=1007(user1) 组=1007(user1),0(root)
```

再来试试使用-u 选项修改 user1 用户的 UID。除此之外，我们还可以使用-g 选项修改用户的基本组群 ID，使用-G 选项修改用户扩展组群 ID。

```
[root@Linux7-1 ~]# usermod -u 8888 user1
[root@Linux7-1 ~]# id user1
uid=8888(user1) gid=1007(user1) 组=1007(user1),0(root)
```

修改 user1 用户的主目录为/var/user1，把启动 shell 修改为/bin/tcsh，完成后恢复到初始状态。具体操作如下。

```
[root@Linux7-1 ~]# usermod -d /var/user1 -s /bin/tcsh user1
[root@Linux7-1 ~]# tail -3 /etc/passwd
user1:x:8888:1007::/var/user1:/bin/tcsh
user2:x:1008:1008::/home/user2:/bin/bash
user3:x:1010:1010::/home/user3:/bin/bash
[root@Linux7-1 ~]# usermod -d /var/user1 -s /bin/bash user1
```

2. 禁用和恢复用户账户

有时需要临时禁用一个用户账户而不删除它。禁用用户账户可以使用 passwd 或 usermod 命令实现，也可以直接修改/etc/passwd 或/etc/shadow 文件。

例如，暂时禁用和恢复 user1 用户账户，可以使用以下 3 种方法实现。

（1）使用 passwd 命令。

```
// 使用 passwd 命令禁用 user1 用户账户，使用 tail 命令可以看到被锁定的用户的密码栏前面
会加上"!"字符
[root@Linux7-1 ~]# passwd -l user1
锁定 user1 用户的密码。
passwd: 操作成功
[root@Linux7-1 ~]# tail -l /etc/shadow
user1:!!:19840:6:60:5:::
user2:!!:19840:0:99999:7:::
user3:123456:19840:0:99999:7:::
// 使用 passwd 命令的-u 选项解除对 user1 用户密码的锁定，恢复 user1 用户账户
[root@Linux7-1 ~]# passwd -u user1
解锁 user1 用户的密码。
```

（2）使用 usermod 命令。

```
// 禁用 user1 用户账户
[root@Linux7-1 ~]# usermod -L user1
// 恢复 user1 用户账户
[root@Linux7-1 ~]# usermod -U user1
usermod: 解锁用户密码将产生没有密码的账户。
您应该使用 usermod -p 设置密码并解锁用户密码。
```

（3）直接修改用户账户配置文件。

可在/etc/shadow 文件中关于 user1 用户账户的 passwd 字段的第一个字符前面加上一个 "!"字符，达到禁用该用户账户的目的，在需要恢复的时候只要删除"!"字符即可。

如果只是禁止某个用户账户登录系统，则可以将其启动 shell 设置为/bin/false 或 /dev/null。

3. 删除用户账户

要想删除一个用户账户，可以直接删除/etc/passwd 和/etc/shadow 文件中要删除的用户账户所对应的行，或者使用 userdel 命令删除。userdel 命令的语法格式如下。

```
userdel[-r]用户名
```

如果不添加-r 选项，则 userdel 命令会将系统中所有与用户账户有关的文件（如 /etc/passwd、/etc/shadow、/etc/group）中的用户信息全部删除。

如果添加-r 选项，则会在删除用户账户的同时，将用户主目录及其下的所有文件和目录全部删除。另外，如果用户使用 E-mail，则也将/var/spool/mail 目录中的用户文件删除。

任务拓展

1. 用户管理

目标：学习用户的创建，以及用户账户的修改、禁用、恢复和删除方法。

步骤：

（1）创建 testuser 用户并设置详细的用户信息（如主目录、shell 类型）。

（2）修改 testuser 用户的账户信息（如 UID、主目录）。

（3）模拟临时禁用和恢复用户账户。

（4）完全删除 testuser 用户账户，并讨论如何安全地恢复其数据。

2. 批量用户管理

目标：练习批量创建和管理用户。

步骤：

（1）编写一个脚本，批量创建用户（如 user1 到 user10）。

（2）批量为这些用户设置密码并将其分配到特定组群中。

（3）批量修改这些用户的 shell 设置。

（4）批量删除这些用户，并确保没有遗留数据。

任务三　管理组群

任务要求

知识要求：

（1）熟练掌握 Linux 操作系统中组群的创建与维护管理的方法。

（2）熟练掌握 su 命令和 sudo 命令的使用方法。

实施要求：

（1）对于 Linux 操作系统中组群的创建与维护管理，实施者需确保每一步都准确无误。

（2）对于 su 命令和 sudo 命令的使用，实施者需严格遵循安全的最佳实践。

（3）为了进一步提高系统的安全性和管理效率，实施者可以考虑采用其他相关的工具和策略。

任务实施

（1）课前，学生学习 Linux 操作系统中用户权限和安全性的基础知识，如 UID、GID 的重要性，以及如何通过修改/etc/shadow 文件来管理用户密码属性。

（2）课中，教师详细讲解不同用户和组群权限的影响，包括 root 用户和普通用户的区别，以及如何安全地管理用户密码和权限。

（3）课后，学生模拟设置用户密码策略，包括密码过期、账户锁定等，通过实际操作加深对安全管理的理解。

任务知识

知识 1　维护组群账户

创建组群、维护组群账户的命令与创建用户、维护用户账户的命令相似。可以使用 groupadd 或 addgroup 命令创建组群。

例如，创建一个新的组群，组群的名称为 testgroup，可以使用如下命令。

```
[root@Linux7-1 ~]# groupadd testgroup
```

可以使用 groupdel 命令删除一个组群。例如，可以使用如下命令删除刚创建的 testgroup 组群。

```
[root@Linux7-1 ~]# groupdel testgroup
```

需要注意的是，如果要删除的组群是某个用户的主组群，则该组群不能被删除。

可以使用 groupmod 命令修改组群，语法格式如下。

```
groupmod [选项] 组群名称
```

groupmod 命令的常用选项如表 4-8 所示。

表 4-8　groupmod 命令的常用选项

选项	说明
-g gid	把组群的 GID 改成 gid
-n group-name	把组群的名称改为 group-name
-o	强制接受更改的组群的 GID 为重复的号码

知识 2　为组群添加用户

当在 Red Hat Linux 中使用不含任何选项的 useradd 命令创建用户时，会同时创建一个和用户同名的组群，我们将其称为主组群。当一个组群必须包含多个用户时，则需要使用附属组群。在附属组群中添加、删除用户都可以使用 gpasswd 命令。gpasswd 命令的语法格式如下。

```
gpasswd [选项] [用户] [组群]
```

只有 root 用户和组群管理员才能够使用 gpasswd 命令，该命令的选项如表 4-9 所示。

表 4-9 gpasswd 命令的选项

选项	说明
-a	把用户添加到组群中
-d	把用户从组群中删除
-r	取消组群的密码
-A	给组群指派管理员

例如，要把 user1 用户添加到 testgroup 组群中，并指定 user1 用户为管理员，可以执行如下命令。

```
[root@Linux7-1 ~]# groupadd testgroup
[root@Linux7-1 ~]# gpasswd -a user1 testgroup
正在将用户"user1"加入"testgroup"组中
[root@Linux7-1 ~]# gpasswd -A user1 testgroup
```

知识 3 使用 su 命令与 sudo 命令

各位读者在实验环境中很少遇到安全问题，并且为了避免因权限因素导致配置服务失败，建议读者以 root 管理员身份来学习本书，但是在生产环境中还是要多留意安全问题，不要以 root 管理员身份去做所有事情。因为一旦执行了错误的命令，就可能直接导致系统崩溃。尽管 Linux 操作系统考虑到了安全性，使得许多系统命令和服务只能被 root 管理员使用，但是这也让普通用户受到了更多的权限束缚，导致无法顺利完成特定的工作任务。

1. su 命令

su 命令可以解决切换用户身份的需求，使得当前用户在不退出登录的情况下，顺利地切换到其他用户，如从 root 管理员切换到普通用户。

```
[root@Linux7-1 ~]# id
uid=0(root) gid=0(root) 组=0(root) 环境=unconfined_u:unconfined_r:unconfined_t:
s0-s0:c0.c1023
[root@Linux7-1 ~]# useradd -G testgroup test
[root@Linux7-1 ~]# su - test
[test@Linux7-1 ~]$ id
uid=1000(test) gid=1000(test) 组=1000(test) 环境=unconfined_u:unconfined_r:
unconfined_t:s0-s0:c0.c1023
```

细心的读者一定会发现，上面的 su 命令与用户名之间有一个减号（-），这意味着完全切换到新的用户，即把环境变量信息也变更为新用户的相应信息，而不保留原始的信息。建议在切换用户身份时添加这个减号（-）。

另外，从 root 管理员切换到普通用户是不需要进行密码验证的，而从普通用户切换到

root 管理员就需要进行密码验证了，这也是一个必要的安全检查环节。

```
[test@Linux7-1 ~]$ su root
密码：
[root@Linux7-1 test]# su - test
上一次登录：日 4 月 28 03:17:25 CST 2024pts/1 上
[test@Linux7-1 ~]$ exit
退出登录
[root@Linux7-1 test]#
```

注意：尽管像上面这样使用 su 命令后，普通用户可以完全切换到 root 管理员，以完成相应工作，但这会暴露 root 管理员的密码，从而增加了黑客获取系统密码的概率，因此上述操作并不是最安全的方案。

2. sudo 命令

sudo 命令是 Linux 操作系统中一个非常强大的工具，它允许普通用户以 root 管理员的身份执行命令。在使用 sudo 命令时，系统会提示用户输入个人密码，而不是 root 管理员的密码，从而确保了安全性。

sudo 命令的基本语法如下。

```
sudo [选项] 命令
```

sudo 命令的常见选项如下。

- -u 用户名：指定以哪个用户的身份执行命令，而不是以默认的 root 管理员身份。
- -i 或 --login：模拟登录 shell，执行命令后，环境变量会与指定用户的一致。
- -s 或 --shell：启动指定用户的 shell。
- -v：更新用户的时间戳，延长 sudo 命令的有效时间。
- -k：清除用户的时间戳，在下次使用 sudo 命令时需要重新输入密码。
- -b：在后台执行命令。
- -A：使用程序指定的辅助工具来询问密码。

如果你想以 root 管理员的身份执行 /etc/init.d/networking restart 命令，则可以使用以下命令。

```
[root@Linux7-1 ~]$ sudo /etc/init.d/networking restart
```

如果你想以 john 用户的身份执行相同的命令，则可以使用以下命令。

```
[root@Linux7-1 ~]$ sudo -u test /etc/init.d/networking restart
```

sudo 命令在系统管理中非常有用，尤其是在需要临时提升权限时。然而，在使用 sudo 命令时需要谨慎，因为错误的命令可能对系统造成不可逆的损害。因此，建议在使用 sudo 命令及其选项时仔细检查，确保正确无误。

此外，sudo 命令还支持配置文件（通常是/etc/sudoers），管理员可以通过配置文件来精细地控制哪些用户或组群可以执行哪些命令。这使得 sudo 命令不仅适用于单用户环境，还适用于多用户环境，极大地提高了系统的可管理性和安全性。

任务拓展

1. 组群创建与用户分配

目标：练习创建组群并管理组群成员。

步骤：

（1）创建一个新组群 devgroup。

（2）向 devgroup 组群添加多个用户，并设置一个用户为组群管理员。

（3）更改组群属性，包括组群密码和 GID。

（4）删除组群成员并删除组群。

2. 模拟组群权限管理

目标：理解和实现组群权限的管理。

步骤：

（1）为 devgroup 组群设置特定目录的访问权限。

（2）验证组群成员能否正确访问该目录。

（3）更改目录权限，并观察对组群成员访问的影响。

（4）讨论组群权限对项目安全管理的影响。

任务四　使用用户管理器管理用户

任务要求

知识要求：熟悉用户管理器的使用方法。

实施要求：在虚拟机上安装和使用用户管理器。

技术要求：掌握使用用户管理器管理用户的相关操作。

任务实施

（1）课前，学生研究如何安装和配置用户管理器。

（2）课中，教师演示使用用户管理器进行用户和组群管理的操作。

（3）课后，学生使用用户管理器完成用户创建、修改、删除等操作。

任务知识

默认没有安装图形用户界面的用户管理器，需要安装 system-config-users 工具。

知识 1   安装 system-config-users 工具

（1）下列命令用于手动检查是否安装了 system-config-users 工具。

```
[root@Linux7-1 test]# rpm -qa | grep system-config-users
```

（2）如果没有安装 system-config-users 工具，则可以使用 yum 命令安装所需要的软件包。

①挂载 ISO 安装映像，相关代码如下。

```
// 挂载光盘到 /iso 中
[root@Linux7-1 ~]# mkdir /iso
[root@Linux7-1 ~]# mount /dev/cdrom /iso
mount: /dev/sr0 写保护，将以只读方式挂载
```

② 制作手动安装的 yum 源文件，相关代码如下。

```
[root@Linux7-1 ~]# vim /etc/yum.repos.d/dvd.repo
```

dvd.repo 文件的内容如下（后面将不再赘述）。

```
# /etc/yum.repos.d/dvd.repo
# or for ONLY the media repo, do this:
# yum -disablerepo=\* --enablerepo=c6-media [command]
[dvd]
name=dvd
# 特别注意本地源文件的表示，需要 3 个 "/"
baseurl=file:///iso
gpgcheck=0
enabled=1
```

③ 使用 yum 命令查看 system-config-users 工具软件包的信息。

```
[root@Linux7-1 ~]# yum info system-config-users
已加载插件: fastestmirror, langpacks
可安装的软件包
名称 : system-config-users
架构 : noarch
版本 : 1.3.5
发布 : 5.el7_9
大小 : 337 k
源   : updates/7/x86_64
```

```
简介 :  A graphical interface for administering users and groups
网址 : https://than.fedorapeople.org/system-config-users
协议 :  GPLv2+
描述 :  system-config-users is a graphical utility for administrating
        : users and groups.  It depends on the libuser library.
```

④ 使用 yum 命令安装 system-config-users 工具。

```
[root@Linux7-1 ~]# yum clean all                    // 安装前先清除缓存
[root@Linux7-1 ~]# yum install system-config-users -y
```

正常安装完成后，最后的提示信息如下。

```
...
已安装:
  system-config-users.noarch 0:1.3.5-2.el7
作为依赖被安装:
  system-config-users-docs.noarch 0:1.0.9-6.el7
完毕!
```

所有软件包安装完成后，可以使用 rpm 命令进行查询。

```
[root@Linux7-1 ~]# rpm -qa | grep system-config-users
system-config-users-docs-1.0.9-6.el7.noarch
system-config-users-1.3.5-2.el7.noarch
```

知识 2　用户管理器

使用 system-config-users 命令会打开如图 4-1 所示的用户管理器。

使用用户管理器可以方便地添加用户或组群、编辑用户或组群的属性、删除用户或组群、加入或退出组群等。图形用户界面比较简单，在此不再赘述。system-config-users 工具有许多其他应用，可以试着安装并应用。

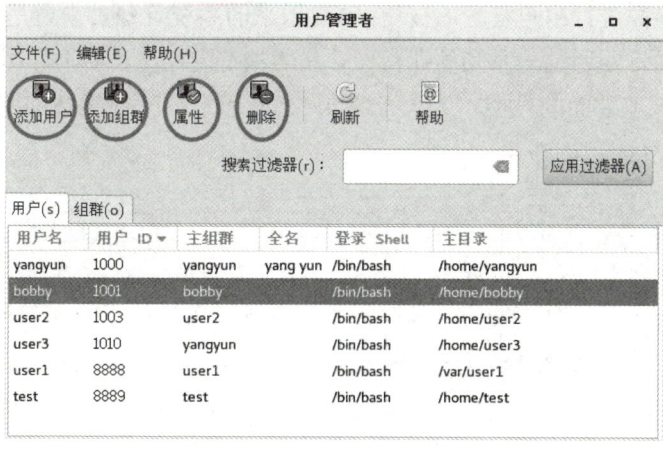

图 4-1　用户管理器

任务拓展

实战练习：图形用户界面的用户管理器操作。

目标：学习使用图形用户界面的用户管理器工具。

步骤：

（1）在 Linux 操作系统中安装 system-config-users 工具。

（2）使用该工具创建、修改、删除用户和组群。

（3）使用图形用户界面设置用户密码和过期策略。

（4）分析命令行操作与图形用户界面操作的优缺点。

项目小结

项目四专注于 Linux 操作系统中的用户与组群的管理，旨在提高学生对系统中的用户和组群管理功能的理解和实际操作能力。整个项目通过理论学习与实战练习相结合的方式，系统地介绍了用户和组群的创建、维护、管理及安全措施的实施。

在任务一中，学生通过学习 Linux 操作系统中的关键文件，如/etc/passwd、/etc/group、/etc/shadow 和/etc/gshadow，掌握了用户和组群信息的存放与管理方法。通过实际操作练习，学生能够熟练地进行用户的添加、删除和修改操作，同时了解如何通过系统文件直接管理用户和组群信息。

任务二和任务三分别深入介绍了用户和组群的高级管理操作，包括批量管理用户、管理用户生命周期、创建组群与设置权限等。这些练习能够帮助学生理解组群对于系统安全和资源管理的重要性，以及如何有效地通过脚本自动化常见的系统任务，提高系统管理的效率，增强系统安全性。

任务四引入了图形用户界面的用户管理器，使学生能够从另一个角度理解用户和组群管理。通过实际安装和使用 system-config-users 工具，学生不仅学到了命令行操作，还掌握了通过图形用户界面进行用户管理的技巧，这对未来的系统管理员来说是一项宝贵的技能。

整体来说，项目四通过一系列的课程设计和实战练习，全面提升了学生在 Linux 操作系统用户和组群管理方面的技能，为他们将来在 IT 和系统管理领域的职业发展打下了坚实的基础。

提升练习

目标：设计一个模拟公司的用户和组群管理系统，包括员工的入职、岗位变动、离职等场景，以及相应的权限调整和安全策略实施。

1. 系统初始化

（1）创建一个初始结构，包含不同部门的组群（如开发、人事、销售等）。

（2）为每个部门添加初始用户，并设置合适的权限和 shell 环境。

2. 用户生命周期管理

（1）入职：为新员工创建用户账户，包括设置合适的组群、主目录、登录 shell 等。

（2）岗位变动：模拟员工从一个部门转到另一个部门，涉及更改其组群成员身份和权限。

（3）离职：安全地删除离职员工的用户账户，确保备份数据并移除所有相关权限。

3. 权限管理与安全策略

（1）设计文件权限和目录访问控制策略，确保敏感数据和薪酬信息仅对人事部门可见。

（2）实施密码策略，包括密码复杂度、更换周期和过期处理。

4. 自动化脚本开发

（1）开发脚本自动处理用户账户的常规任务，如批量添加用户账户、密码到期提醒、离职员工的用户账户处理等。

（2）使用 Cron 定时执行系统维护任务，如备份、日志审核等。

5. 模拟安全审计

（1）执行一次完整的系统审计，检查用户账户安全配置，审查未授权的访问尝试。

（2）分析审计日志，提出改进系统安全的措施。

6. 报告撰写

（1）撰写一份管理报告，总结用户和组群管理的策略、遇到的问题及解决方案。

（2）提出系统管理的最佳实践和改进建议。

项目五　管理项目文件与目录

任务一　理解文件系统与目录

任务要求

知识要求：

（1）了解 Linux 文件系统的类型和特性。

（2）掌握文件和目录的权限设置方法，以及其对系统操作的影响。

实施要求：能够编写用于管理文件和目录的脚本，使用条件和循环语句优化任务自动化。

技术要求：

（1）具备在 Linux 环境下使用命令行和脚本来管理文件系统的能力。

（2）熟悉高级权限的设置，包括 SUID、SGID 及 SBIT 的设置。

任务实施

（1）课前，学生通过阅读资料了解不同的文件系统及其优缺点，如 Ext3、Ext4 和 XFS。

（2）课中，教师演示如何在 Linux 操作系统中设置文件和目录的权限，解释各种权限的实际意义和应用场景。

（3）课后，学生进行实验，设置不同的权限，观察系统的响应和文件访问变化。

任务知识

知识 1　认识文件系统

文件系统（File System）是磁盘上具有特定格式的一片区域，操作系统利用文件系统保存和管理文件。

用户在硬件存储设备中执行的文件建立、写入、读取、修改、转存与控制等操作都是依靠文件系统来完成的。文件系统的作用是合理规划硬盘，以保证用户正常的使用需求。Linux 操作系统支持数十种文件系统，常见的文件系统介绍如下。

（1）Ext3 是一种日志文件系统，能够在系统异常宕机时避免文件系统资料丢失，并能自动修复数据的不一致性与错误。然而，当硬盘容量较大时，所需要的修复时间也会很长，而且不能百分之百地保证资料不会丢失。该系统会把整个磁盘的每个写入动作的细节都预先记录下来，以便在发生异常宕机后能回溯追踪到被中断的部分，并尝试进行修复。

（2）Ext4 是 Ext3 文件系统的改进版本，作为 RHEL 6 中的默认文件管理系统，它支持的存储容量高达 1EB（1EB=1 073 741 824GB），且能够拥有无限多的子目录。另外，Ext4 文件系统能够批量分配 block 块，从而极大地提高了读写效率。

（3）XFS 是一种高性能的日志文件系统，而且是 RHEL 7 中默认的文件管理系统。它的优势在发生意外宕机时显得尤其明显，即可以快速地恢复可能被破坏的文件，而且强大的日志功能只消耗极低的计算和存储性能。它可支持的最大存储容量为 18EB，这几乎满足了所有需求。

日常硬盘需要保存的数据实在太多了，因此 Linux 操作系统中有一个名为 super block 的"硬盘地图"。Linux 操作系统并不是把文件内容直接写入这个"硬盘地图"，而是在里面记录整个文件系统的信息。因为，如果把所有的文件内容都写入，则它的体积将变得非常大且文件内容的查询与写入速度也会变得很慢。Linux 操作系统只是把每个文件的权限与属性记录在 inode 表格中，而且每个文件占用一个独立的 inode 表格。该表格的大小默认为 128B，表格内记录着如下信息。

- 文件的访问权限（read、write、execute）。
- 文件的所有者与所属组群（owner、group）。
- 文件的大小（size）。
- 文件的创建时间或内容修改时间（ctime）。
- 文件的最后一次访问时间（atime）。
- 文件的修改时间（mtime）。
- 文件的特殊权限（SUID、SGID、SBIT）。
- 文件的真实数据地址（point）。

而文件的实际内容则保存在 block 块中（大小可以是 1KB、2KB 或 4KB），一个 inode 表格的默认大小仅为 128B（Ext3 文件系统），记录一个 block 块消耗 4B。当文件的 inode 表格被写满后，Linux 操作系统会自动分配出一个 block 块，专门用于像 inode 表格一样记录其他 block 块的信息，这样把各 block 块的内容串到一起，就能够让用户读到完整的文件内容了。对于存储文件内容的 block 块，有下面两种常见情况（以 4KB 的 block 块为例进行说明）。

- 情况 1：文件很小（1KB），但依然会占用一个 block 块，因此会潜在地浪费 3KB。
- 情况 2：文件很大（5KB），那么会占用两个 block 块（5KB-4KB 后剩下的 1KB 也要占用一个 block 块）。

计算机系统在发展过程中产生了众多的文件系统，为了使用户在读取或写入文件时不用关心底层的硬盘结构，Linux 内核中的软件层为用户程序提供了一个 VFS（Virtual File

System，虚拟文件系统）接口，这样用户在实际操作文件时就可以统一对 VFS 进行操作了。图 5-1 所示为 VFS 的架构示意图，可以看到，实际文件系统在 VFS 下隐藏了自己的特性和细节，这样用户在日常使用时会觉得"文件系统都是一样的"，也就可以随意使用各种命令在任何文件系统中进行各种操作了（如使用 cp 命令来复制文件）。

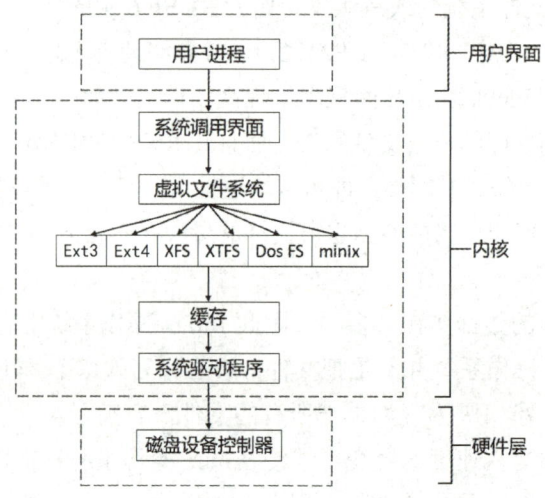

图 5-1　VFS 的架构示意图

知识 2　理解 Linux 文件系统的目录结构

在 Linux 操作系统中，目录、字符设备、块设备、套接字、打印机等都被抽象成了文件：Linux 操作系统中一切都是文件。既然平时与我们打交道的都是文件，那么又应该如何找到它们呢？在 Windows 操作系统中，要想找到一个文件，我们首先要进入该文件所在的磁盘分区（假设这里是 D 盘），然后进入该分区下的具体目录，最终找到这个文件。但是在 Linux 操作系统中并不存在 C、D、E、F 等盘符，Linux 操作系统中的一切文件都是从"根目录（/）"开始的，并按照文件系统层次化标准（Filesystem Hierarchy Standard，FHS）采用树形结构来存放文件，并定义了常见目录的用途。另外，Linux 操作系统中的文件和目录名称是严格区分大小写的。例如，root、rOOt、Root、rooT 均代表不同的目录，并且文件名称中不得包含斜杠（/）。Linux 操作系统中的文件存储结构如图 5-2 所示。

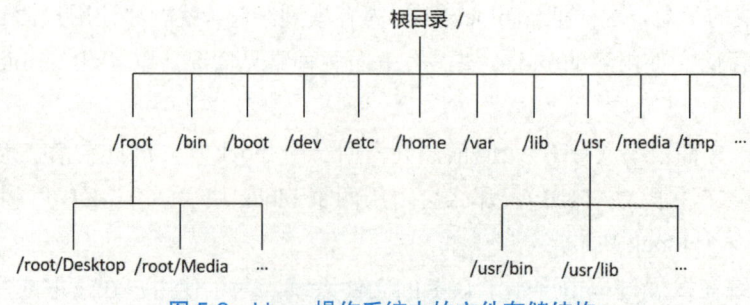

图 5-2　Linux 操作系统中的文件存储结构

Linux 操作系统中常见的目录及其描述如表 5-1 所示。

表 5-1 Linux 操作系统中常见的目录及其描述

目录	描述
/	Linux 文件的最上层根目录
/boot	存放开机所需的文件——内核、开机菜单及所需的配置文件等
/dev	以文件形式存放任何设备与接口
/etc	存放配置文件
/home	Linux 操作系统中用于存放所有用户主目录的根目录。每个在系统中注册的用户都会拥有一个以其用户名命名的子目录，即用户的主目录，位于/home/<用户名>路径下
/bin	Binary 的缩写，存放用户的可运行程序，如 ls、cp 等，也包含其他 Bash 和 cs 等
/lib	存放开机时用到的函数库，以及 sbin 与 bin 下面的命令要调用的函数
/sbin	存放开机过程中需要的命令
/media	用于挂载设备文件的目录
/opt	存放第三方的软件
/root	系统管理员的主目录
/srv	存放一些网络服务的数据文件
/tmp	任何人均可使用的"共享"临时目录
/proc	虚拟文件系统，如系统内核、进程、外部设备及网络状态等
/usr/local	存放用户自行安装的软件
/usr/sbin	存放 Linux 操作系统开机时不会使用到的软件/命令/脚本
/usr/share	可存放帮助与说明文件，也可存放共享文件
/var	主要存放经常变化的文件，如日志
/lost+found	当文件系统发生错误时，将一些丢失的文件片段存放在这里

知识 3 理解绝对路径与相对路径

绝对路径：由根目录（/）开始写起的文件名或目录名称，如/home/dmtsai/basher。

相对路径：相对于当前路径的文件名或目录的写法，如./home/dmtsai 或../../home/dmtsai/等。

技巧：开头不是"/"的就属于相对路径的写法。

相对路径是以当前所在路径的相对位置来表示的。举例来说，当前在/home 目录下，当想要进入/var/log 目录时，可以怎么写呢?有两种方法。

- 绝对路径：cd /var/log。
- 相对路径：cd ../var/log。

因为当前在/home 目录下，所以要回到上一层（../）之后，才能进入/var/log 目录。特别注意两个特殊的目录。

- . ：代表当前目录，也可以使用"./"来表示。
- .. ：代表上一层目录，也可以用"../"来代表。

此处的"."和".."是很重要的。例如，常常看到的 cd..或./command 之类的指令表达方式，就是代表上一层与当前所在目录的工作状态。

任务拓展

实战练习：文件系统类型的比较与分析。

目标：比较并分析不同类型的 Linux 文件系统（如 Ext3、Ext4、XFS）。

步骤：

（1）使用虚拟机或实验环境创建具有不同文件系统的分区。

（2）在每个分区上执行相同的文件操作（如文件创建、删除、大文件写入），记录操作的时间和系统的响应。

（3）分析不同文件系统的性能表现，并记录文件系统在处理大量小文件和大文件时的效率差异。

（4）编写报告，总结每种文件系统的优缺点，并给出推荐的应用场景。

任务二　管理 Linux 文件权限

任务要求

知识要求：

（1）了解 Linux 文件权限的细节，包括文件类型和权限位。

（2）掌握使用 chmod 命令调整权限的方法。

实施要求：

（1）能够识别并解释文件类型和权限位的意义，熟悉常见的文件权限表示方法。

（2）在实际环境中使用 chmod 命令修改文件或目录权限。

（3）结合实际需求，灵活调整文件权限，以满足安全性和功能性要求。

技术要求：

（1）掌握 Linux 文件权限的结构，包括文件类型（如普通文件、目录、链接等）和权限位（读取、写入、执行）。

（2）熟练使用 chmod 命令修改权限，并能根据数字和符号表示法自定义权限。

任务实施

（1）课前，学生研究不同的权限设置对访问文件的影响。

（2）课中，教师讲解如何合理设置权限以提高系统安全性。

（3）课后，学生按照指定场景配置文件系统，检验权限设置的有效性。

任务知识

知识 1　理解文件与文件权限

　　文件是操作系统用来存储信息的基本结构，是一组信息的集合。文件通过文件名来唯一地标识。Linux 操作系统中文件名的最大长度为 255 个字符，这些字符可用 A~Z、0~9，以及 "."" _ "" - " 等符号来表示。与其他操作系统相比，Linux 操作系统的一个特性是没有 "扩展名" 的概念，也就是说文件名和该文件的种类并没有直接的联系。例如，sample.txt 可能是一个运行文件，而 samplc.cxc 也可能是一个文本文件，甚至可以不使用扩展名。另一个特性是 Linux 文件名区分大小写。例如，sample.txt、Sample.txt、SAMPLE.txt、samplE.txt 在 Linux 操作系统中代表不同的文件，但在 DOS 和 Windows 操作系统中却指的是同一个文件。在 Linux 操作系统中，如果文件名以 "." 开始，则表示该文件为隐藏文件，需要使用 ls -a 命令才能显示。

　　在 Linux 操作系统中的每个文件或目录都包含访问权限，这些访问权限决定了谁能访问和如何访问这些文件和目录。可以通过以下 3 种访问方式限制访问权限。

- 只允许用户自己访问。
- 允许一个预先指定的组群中的用户访问。
- 允许系统中的任何用户访问。

　　同时，用户能够控制一个给定的文件或目录的访问程度。一个文件或目录可能具有读取、写入和执行权限。当创建一个文件时，系统会自动赋予文件所有者读取和写入权限，以便所有者读取和修改文件内容。而且，文件的所有者可以将这些权限变更为任何他想指定的权限。例如，一个文件可能只有读取权限，禁止任何修改；也可能只有执行权限，允许它像程序一样被执行。

　　根据赋予权限的不同，3 种不同类型的用户（所有者、所属组群或其他用户）能够访问不同的目录或文件。所有者是创建文件的用户，文件的所有者能够赋予同组群用户，以及系统中除所属组群外的其他用户相应的文件访问权限。

　　用户对系统中的文件都拥有其特定的读取、写入和执行权限。第 1 套权限控制所有者访问自己的文件的权限。第 2 套权限控制所属组群访问其中一个用户的文件的权限。第 3 套权限控制其他所有用户访问一个用户的文件的权限。这 3 套权限分别赋予不同类型的用户（所有者、所属组群和其他用户）读取、写入和执行权限，从而构成了一个有 9 种类型的权限组。

　　我们可以使用 ls -l 或 ll 命令显示文件的详细信息，包括权限等，示例代码如下。

```
[root@Linux7-1 ~]# ll
总用量 16
-rw-r--r--. 1 root root 231  4月26 11:39 addacount.sh
```

```
-rw-------. 1 root root 1637 3月18 21:17 anaconda-ks.cfg
-rw-r--r--. 1 root root 1194 4月26 00:45 dir
-rw-r--r--. 1 root root    0 3月19 10:10 file1
-rw-r--r--. 1 root root 1830 3月18 21:26 initial-setup-ks.cfg
drwxr-xr-x. 2 root root  194 4月28 00:24 scripts
drwxr-xr-x. 2 root root    6 3月18 21:27 公共
drwxr-xr-x. 2 root root    6 3月18 21:27 模板
drwxr-xr-x. 2 root root    6 3月18 21:27 视频
drwxr-xr-x. 2 root root    6 3月18 21:27 图片
drwxr-xr-x. 2 root root    6 3月18 21:27 文档
drwxr-xr-x. 2 root root    6 3月18 21:27 下载
drwxr-xr-x. 2 root root    6 3月18 21:27 音乐
drwxr-xr-x. 2 root root    6 3月18 21:27 桌面
```

知识 2　详解文件的各种属性信息

文件属性如图 5-3 所示。

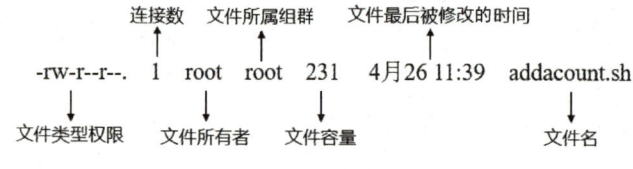

图 5-3　文件属性

（1）文件类型权限。

每行的第一个字符一般用来区分文件的类型，一般取值为 d、-、l、b、c、s、p。具体含义如下。

- d：表示是一个目录，在 Ext 文件系统中目录也是一种特殊的文件。
- -：表示该文件是一个普通的文件。
- l：表示该文件是一个符号链接文件，实际上它指向另一个文件。
- b、c：分别表示该文件为区块设备或其他的外围设备，是特殊类型的文件。
- s、p：表示文件关系到系统的数据结构和管道，通常很少见到。

每行的第 2～10 个字符表示文件的访问权限。这 9 个字符每 3 个为一组，具体意义介绍如下。

- 第 2、3、4 个字符表示该文件所有者的权限，也被简称为 u（User）的权限。
- 第 5、6、7 个字符表示该文件所属组群的组群成员的权限，也被简称为 g（Group）的权限。例如，此文件所有者属于 user 组群，该组群中有 6 个成员，则这 6 个成员都具有指定的权限。
- 第 8、9、10 个字符表示除该文件所有者所属组群以外的用户的权限，也被简称为 o（Other）的权限。

这 9 个字符根据权限种类的不同，可分为 3 种类型。

- r（Read，读取）：对文件来说，具有读取文件内容的权限；对目录来说，具有浏览目录的权限。
- w（Write，写入）：对文件来说，具有新增、修改文件内容的权限；对目录来说，具有删除、移动目录内文件的权限。
- x（Execute，执行）：对文件来说，具有执行文件的权限；对目录来说，具有进入目录的权限。

下面举例说明，"-"表示不具有该项权限。

- brwxr--r--：该文件是块设备文件，文件所有者具有读取、写入和执行权限，而同组群用户和其他用户具有读取权限。
- -rw-rw-r-x：该文件是普通文件，文件所有者和同组群用户对文件具有读取、写入权限，而其他用户具有读取、执行权限。
- drwx--x--x：该文件是目录文件，目录所有者具有读取、写入和进入目录的权限，而同组群用户和其他用户具有进入该目录的权限，却无法读取任何数据。
- lrwxrwxrwx：该文件是符号链接文件，文件所有者、同组群用户和其他用户对该文件都具有读取、写入和执行权限。

每个用户都拥有自己的主目录，通常在/home 目录中，这些主目录的默认权限为 rwx------；对于执行 mkdir 命令所创建的目录，其默认权限为 rwxr-xr-x。用户可以根据需要修改目录的权限。

此外，默认的权限可使用 umask 命令修改，用法非常简单，只需执行 umask 777 命令便可以屏蔽所有权限，因而之后建立的文件或目录，其权限都变成 000，以此类推。通常 root 用户搭配 umask 命令的数值为 022、027 和 077，而普通用户则采用 002，这样所产生的默认权限依次为 755、750、700、775。有关权限的数字表示法，后面将会详细说明。

当用户登录系统时，用户环境就会自动执行 umask 命令来决定文件、目录的默认权限。

（2）连接数，表示有多少个文件名连接到同一个节点（inode）中。

每个文件都会将其权限与属性记录到文件系统的 inode 中，不过，由于我们使用的目录树是使用文件来记录的，因此每个文件名都会连接到一个 inode。

（3）文件所有者，表示这个文件（或目录）的拥有者账户。

（4）文件所属组群，表示这个文件（或目录）的所属组群。

在 Linux 操作系统中，用户账户会附属于一个或多个组群中。举例来说，class1、class2、class3 用户均属于 projecta 组群，如果某个文件所属组群为 projecta，且该文件的权限为 rwxrwx---，则 class1、class2、class3 用户对该文件都具有读取、写入、执行权限（看所属组群的权限）。但如果是不属于 projecta 组群的其他用户，则该用户对此文件不具有任何权限。

（5）文件容量，默认单位为 Byte。

（6）文件最后被修改的时间或文件的创建时间。

这一栏的内容分别为日期（月/日）和时间。如果该文件最后被修改的时间距离现在太久，则时间部分会仅显示年份。如果想要显示完整的时间格式，则可以利用 ls 命令的选项，即使用 ls -l --full-time 命令就能够显示完整的时间格式了。

（7）文件名。

比较特殊的是，如果文件名之前多了一个 "."，则代表该文件为隐藏文件。请读者使用 ls 和 ls -a 命令体验一下什么是隐藏文件。

知识 3　使用数字表示法修改权限

在创建文件时系统会自动设置权限，如果这些默认权限无法满足需求，则此时可以使用 chmod 命令来修改权限。在修改权限时通常可以使用两种方法表示权限类型：数字表示法和文字表示法。

chmod 命令的语法格式如下。

```
chmod  选项  文件
```

所谓数字表示法是指将读取（r）、写入（w）和执行（x）权限分别以数字 4、2、1 表示，没有被授予权限的部分以数字 0 表示，并把所授予的权限相加。表 5-2 所示为使用数字表示法修改权限的示例。

表 5-2　使用数字表示法修改权限的示例

原始权限	转换为数字	数字表示法
rwxrwxr-x	(421)　(421)　(401)	775
rwxr-xr-x	(421)　(401)　(401)	755
rw-rw-r--	(420)　(420)　(400)	664
rw-r--r--	(420)　(400)　(400)	644

例如，为/etc/file 文件设置权限，授予所有者和同组群成员读取和写入权限，授予其他用户读取权限，则应该将权限设置为 rw-rw-r--。而该权限的数字表示法为 664，因此可以使用如下命令设置权限。

```
[root@Linux7-1 ~]# touch /etc/file
[root@Linux7-1 ~]# chmod 644 /etc/file    //使用数字表示法设置权限
[root@Linux7-1 ~]# ll /etc/file
-rw-r--r--. 1 root root 0 4月  29 13:37 /etc/file
```

再如，要想将.bashrc 文件的所有权限都设置为启用状态，可以使用如下命令设置权限。

```
[root@Linux7-1 ~]# ls -al .bashrc
-rw-r--r--. 1 root root 176 12月 29 2013 .bashrc
[root@Linux7-1 ~]# chmod 777 .bashrc
[root@Linux7-1 ~]# ls -al .bashrc
-rwxrwxrwx. 1 root root 176 12月 29 2013 .bashrc
```

如果要将权限设置为 rwxr-xr--呢？该权限的数字表示法就变为 754，所以需要使用

chmod 754 filename 命令。另外，在实际的系统运行中，我们以 vim 编辑一个 shell 的文本批处理文件 test.sh 后，它的权限通常是 rw-rw-r--，也就是 664。如果要将该文件变成可执行文件，并且不让其他用户修改该文件，则需要将权限设置为 rwxr-xr-x。此时就需要使用 chmod 755 test.sh 命令。

技巧：如果有些文件不希望被其他用户看到，则可以使用 chmod 740 filename 命令，将文件的权限设置为 rwxr-----。

知识 4 使用文字表示法修改权限

1. 文字表示法

当使用权限的文字表示法时，系统使用 4 种字母来表示不同的用户。

- u：user，表示所有者。
- g：group，表示所属组群。
- o：others，表示其他用户。
- a：all，表示以上 3 种用户。

使用下面 3 种字母的组合设置操作权限。

- r：read，读取。
- w：write，写入。
- x：execute，执行。

操作符号包括以下 3 种。

- +：添加某种权限。
- -：去掉某种权限。
- =：赋予给定权限并取消原来的权限。

当使用文字表示法修改文件权限时，知识 3 中/etc/file 文件的权限设置命令如下。

```
[root@Linux7-1 ~]# chmod u=rw,g=rw,o=r /etc/file
```

修改目录权限和修改文件权限的方法相同，都使用 chmod 命令，但不同的是，要使用通配符 "*" 来表示目录中的所有文件。

例如，要想同时将/etc/test 目录中的所有文件权限设置为所有用户都可读取、写入，应该使用下面的命令。

```
[root@Linux7-1 ~]# mkdir /etc/test;touch /etc/test/f1.doc
[root@Linux7-1 ~]# chmod a=rw /etc/test/*
```

或者

```
[root@Linux7-1 ~]# chmod 666 /etc/test/*
```

如果目录中包含其他子目录，则必须使用-R（Recursive）参数来同时设置所有文件及子目录的权限。

2. 使用 chmod 命令修改文件的特殊权限

使用 chmod 命令可以修改文件的特殊权限。例如,设置/etc/file 文件的 SUID 权限的命令如下(先了解,后面会详细介绍)。

```
[root@Linux7-1 ~]# ll /etc/file
-rw-rw-r--. 1 root root 0 4月  29 13:37 /etc/file
[root@Linux7-1 ~]# chmod u+s /etc/file
[root@Linux7-1 ~]# ll /etc/file
-rwSrw-r--. 1 root root 0 4月  29 13:37 /etc/file
```

设置特殊权限也可以使用数字表示法。SUID、SGID 和 SBIT 权限分别使用数字 4、2、1 表示。在使用 chmod 命令设置文件权限时,可以在普通权限的数字前面加上一位数字来表示特殊权限,示例代码如下。

```
[root@Linux7-1 ~]# chmod 6664 /etc/file
[root@Linux7-1 ~]# ll /etc/file
-rwSrwSr--. 1 root root 0 4月  29 13:37 /etc/file
```

3. 使用文字表示法的有趣实例

【例 5-1】如果我们要设置一个文件的权限为 rwxr-xr-x,则其表述的含义如下。

user(u):具有读取、写入、执行权限。

group 与 others(go):具有读取与执行权限。

执行结果如下。

```
[root@Linux7-1 ~]# chmod u=rwx,go=rx .bashrc
# 注意:u=rwx,go=rx 是连在一起的,中间并没有任何空格
[root@Linux7-1 ~]# ls -al .bashrc
-rwxr-xr-x. 1 root root 176 12月 29 2013 .bashrc
```

【例 5-2】如果设置 rwxr-xr--权限,那么该如何操作呢?可以使用 chmod u=rwx,g=rx, o=r filename 命令来设置。另外,如果不知道文件原来的属性,而想设置所有用户对.bashrc 文件均有写入权限,则可以使用如下命令。

```
[root@Linux7-1 ~]# ls -al .bashrc
-rwxr-xr-x. 1 root root 176 12月 29 2013 .bashrc
[root@Linux7-1 ~]# chmod a+w .bashrc
[root@Linux7-1 ~]# ls -al .bashrc
-rwxrwxrwx. 1 root root 176 12月 29 2013 .bashrc
```

【例 5-3】如果要将权限去掉而不改动其他已存在的权限呢?例如,要去掉所有用户的执行权限,则可以使用如下命令。

```
[root@Linux7-1 ~]# chmod a-x .bashrc
[root@Linux7-1 ~]# ls -al .bashrc
-rw-rw-rw-. 1 root root 176 12月 29 2013 .bashrc
```

特别提示：在"+"与"-"的状态下，只要不是指定的项目，权限就不会变动。例如，在例 5-3 中，由于仅去掉 x 权限，因此其他权限值保持不变。举例来说，要想让用户拥有执行权限，但又不知道该文件原来的权限，此时，使用 chmod a+x filename 命令就可以让该用户拥有执行权限。

知识 5　理解权限与指令间的关系

权限对用户来说非常重要，因为权限可以限制用户能不能读取/建立/删除/修改文件或目录。

任务拓展

实战练习：模拟权限管理。

目标：通过设置与修改文件和目录的权限，了解权限对系统安全性和用户操作的影响。

步骤：

（1）创建一个项目文件夹，并在其中创建多个子目录和文件。

（2）设置不同的权限级别（如读取、写入、执行）模拟不同用户的访问和操作权限。

（3）尝试以不同的用户身份（如 root、standard user、guest）访问与修改这些文件和目录，并记录结果。

（4）使用脚本自动化一些权限设置任务，如夜间自动备份只读文件。

评估：评估权限设置的合理性，调整至能满足既定安全要求的最小权限设置，并解释理由。

任务三　修改文件和目录的默认权限与隐藏属性

任务要求

知识要求：

（1）熟悉 Linux 操作系统中的文件权限和属性。

（2）掌握文件和目录默认权限的设置方法，了解其对系统安全性的影响。

（3）了解 Linux 文件系统中的隐藏属性，以及如何利用这些属性增强文件安全性。

实施要求：能够使用命令或图形用户界面工具管理文件和目录的权限。

技术要求：具备修改文件和目录的权限的能力。

任务实施

（1）课前，学生通过在线资源学习关于用户管理器和文件系统管理的基础知识，包括如何设置和修改用户账户及权限。

（2）课中，教师详细讲解 umask 的使用方法及其对文件和目录的权限的影响，演示如何使用 chattr 和 lsattr 命令管理文件属性。

（3）课后，学生需要完成练习，包括设置文件的隐藏属性和特殊权限，以及验证这些设置的效果。

任务知识

文件权限包括读取（r）、写入（w）、执行（x）等基本权限，决定文件类型的属性包括目录（d）、文件（-）等。修改权限的方法（chmod 命令）在前面已经提过。在 Linux 的 Ext2/Ext3/Ext4 文件系统下，除了可以设置基本的 r、w、x 权限，还可以设置隐藏属性。使用 chattr 命令可以设置隐藏属性，而使用 lsattr 命令可以查看隐藏属性。

另外，基于安全（Security）机制方面的考虑，可以设置文件不可修改的特性，即使是文件的所有者也不能修改，这非常重要。

知识 1　理解文件默认权限

你可能会问：在建立文件或目录时，默认权限是什么呢？默认权限与 umask 有着密切的关系，umask 用于指定用户在建立文件或目录时的默认权限值。那么如何得知或设置 umask 呢？请看如下命令及其运行结果。

```
[root@Linux7-1 ~]# umask
0022            #与一般权限相关的是后面 3 个数字
[root@Linux7-1 ~]# umask -S
u=rwx,g=rx,o=rx
```

查阅默认权限的方式有两种：一是直接输入"umask"，可以看到数字形态的权限设置；二是加入-S（Symbolic）选项，则会看到文字形态的权限设置。

umask 有 4 组数字，而不只有 3 组。第 1 组是特殊权限使用的，稍后会讲到。现在先看后面的 3 组数字。

目录与文件的默认权限是不一样的。我们知道，x 权限对于目录是非常重要的。但是一般文件不应该有执行权限，因为一般文件通常用于数据的记录，不需要执行权限。因此，预设的情况如下。

- 如果用户建立文件，则预设没有执行（x）权限，只有 r、w 这两个权限，即 umask 值最大为 666，预设权限为：-rw-rw-rw-。
- 如果用户建立目录，则由于 x 权限与是否可以进入该目录有关，因此默认所有权限均开放，即 umask 值为 777，预设权限为：drwxrwxrwx。

umask 的分值指的是该默认值需要去掉的权限（r、w、x 分别对应 4、2、1），具体如下。

- 在去掉写入权限时，umask 的分值输入 2。

- 在去掉读取权限时，umask 的分值输入 4。
- 在去掉读取和写入权限时，umask 的分值输入 6。
- 在去掉执行和写入权限时，umask 的分值输入 3。

思考：5 分表示什么？即读取与执行权限。

以上面的例子来说，因为 umask 值为 022，所以 user 并没有被去掉任何权限，不过 group 与 others 被去掉了写入权限，那么使用者的权限如下。

- 当建立文件时：(-rw-rw-rw-) − (-----w--w-) =-rw-r--r--。
- 当建立目录时：(drwxrwxrwx) − (d----w--w-) =drwxr-xr-x。

测试结果如下。

```
[root@Linux7-1 ~]# umask
0022
[root@Linux7-1 ~]# touch test1
[root@Linux7-1 ~]# mkdir test2
[root@Linux7-1 ~]# ll
-rw-r--r--. 1 root root   0 4月  29 13:52 test1
drwxr-xr-x. 2 root root   6 4月  29 13:52 test2
```

知识 2　利用 umask

假如你与你的同学进行的是同一个项目，你们的账户属于相同的组群，并且/home/class 目录是你们的项目目录。想象一下，有没有可能你的同学无法编辑你所制作的文件？如果是这样，那么该怎么办呢？

这个问题可能经常发生。以知识 1 中的案例来说，test1 的权限是 644。也就是说，如果 umask 值为 022，则建立的文件只有用户自己具有写入权限，而同组群的用户只具有读取权限，肯定无法修改该文件。这样怎么能共同制作项目呢？

因此，当我们需要与同组群的用户共同编辑文件时，umask 的组群就不能去掉写入权限了。这时 umask 值应为 002，这样才能使新建文件的权限为-rw-rw-r--。那么如何设定 umask 呢？答案是直接在 umask 后面输入 002 即可。命令运行情况如下。

```
[root@Linux7-1 ~]# umask 002
[root@Linux7-1 ~]# touch test3
[root@Linux7-1 ~]# mkdir test4
[root@Linux7-1 ~]# ll
-rw-rw-r--. 1 root root   0 4月  29 13:54 test3
drwxrwxr-x. 2 root root   6 4月  29 13:54 test4
```

umask 与新建文件及目录的默认权限有很大关系。这个属性可以用在服务器上，尤其是在文件服务器（File Server）上。例如，在创建 Samba 服务器或 FTP 服务器时，显得尤为重要。

思考：假设 umask 值为 003，在此情况下建立的文件与目录的权限又是怎样的呢？

umask 值为 003，所以去掉的权限为--------wx，相关权限如下。

- 文件权限：（-rw-rw-rw-）－（--------wx）=-rw-rw-r--。
- 目录权限：（drwxrwxrwx）－（d-------wx）=drwxrwxr--。

提示：在有的书或论坛中，喜欢使用文件默认属性 666 及目录默认属性 777 与 umask 值相减来计算文件属性，这是不对的。从上面的例题来看，如果使用默认属性相加减，则文件属性变成 666-003=663，即-rw-rw--wx，这是完全不对的。想想看，原本文件就已经去除了 x 的默认属性，怎么可能突然间冒出来呢？所以，这个地方一定要特别小心。

root 用户的 umask 值默认为 022 是基于对安全的考虑。对于一般用户，通常 umask 值为 002，即保留同组群用户的写入权限。关于 umask 的设定可以参考/etc/bashrc 文件中的内容。

知识 3　设置文件隐藏属性

1．chattr 命令

功能说明：改变文件属性。chattr 命令的语法格式如下。

```
chattr [-RV][-v<版本编号>][+/-/=<属性>][文件或目录...]
```

该命令可改变存放在 Ext4 文件系统中的文件或目录属性，这些属性共有以下几种模式。

- a：系统只允许在这个文件之后追加数据，不允许任何进程覆盖或截断该文件。如果目录具有该属性，则系统将只允许在这个目录下建立和修改文件，而不允许删除任何文件。
- b：不更新文件或目录的最后存取时间。
- c：将文件或目录压缩后存放。
- d：将文件或目录排除在操作之外。
- i：不得任意改动文件或目录。
- s：以保密的方式删除文件或目录。
- S：即时更新文件或目录。
- u：预防意外删除。

chattr 命令的相关选项如下。其中，最重要的是+i 与+a 这两个选项。由于这些选项是隐藏的，因此需要使用 lsattr 命令。

- -R：递归处理，将指定目录中的所有文件及子目录一并处理。
- -v<版本编号>：设置文件或目录版本。
- -V：显示命令执行过程。
- +<属性>：开启文件或目录的该项属性。
- -<属性>：取消文件或目录的该项属性。
- =<属性>：指定文件或目录的该项属性。

【例 5-4】请尝试在/tmp 目录中建立文件，开启 i 属性，并尝试删除该文件。

```
[root@Linux7-1 ~]# cd /tmp/
[root@Linux7-1 tmp]# touch attrtest              # 建立一个空文件
[root@Linux7-1 tmp]# chattr +i attrtest           # 开启 i 属性
[root@Linux7-1 tmp]# rm attrtest                 # 尝试删除，查看结果
rm: 是否删除普通空文件 "attrtest"?y
rm: 无法删除"attrtest": 不允许的操作
```

取消该文件的 i 属性的代码如下。

```
[root@Linux7-1 tmp]# chattr -i attrtest
```

chattr 命令很重要，尤其是在系统的数据安全方面。

此外，如果是 log file（日志文件），则需要开启 a 属性：增加但不能修改与删除原有数据。

2. lsattr 命令

功能说明：显示文件隐藏属性。lsattr 命令的语法格式如下。

```
lsattr [-adR] 文件或目录
```

该命令的选项如下。

- -a：将文件的隐藏属性显示出来。
- -d：如果是目录，则仅列出目录本身的属性而非目录内的文件名。
- R：连同子目录的数据一并显示出来。

示例代码如下。

```
[root@Linux7-1 tmp]# chattr +aiS attrtest
[root@Linux7-1 tmp]# lsattr attrtest
--S-ia---------- attrtest
```

使用 chattr 命令后，可以使用 lsattr 命令来查看隐藏的属性。不过，这两个命令在使用时要特别小心，否则会造成很大的困扰。例如，如果将/etc/shadow 文件设置为开启 i 属性，则在若干天后，会发现无法新增用户。

知识 4　设置文件特殊权限

在复杂多变的生产环境中，单纯设置文件的 r、w、x 权限无法满足我们对安全和灵活性的需求，因此便有了 SUID、SGID 与 SBIT 特殊权限。这是一种对文件权限进行设置的特殊功能，可以与一般权限同时使用，以实现一般权限不能实现的功能。

任务拓展

实战练习：高级权限和属性管理。

目标：深入理解并使用 Linux 操作系统中的 umask、隐藏属性和特殊权限（如 SUID、SGID、SBIT）。

步骤：

（1）创建一个公共工作区域，如一个项目文件夹，用于团队成员之间共享文件。

（2）使用 umask 设置默认权限，确保团队成员能够共同编辑文件，并防止外部用户访问。

（3）对关键配置文件使用 chattr 命令开启 i（不可变）属性，防止被删除或修改。

（4）开启日志文件的 a（仅追加）属性，确保文件内容不会被覆盖，同时实现日志的持续更新。

测试：模拟外部攻击和内部错误操作，检验设置的有效性。

项目小结

本项目深入探讨了 Linux 操作系统中文件系统与目录管理的关键概念和实际操作技巧。学生们通过 3 个精心设计的任务系统地学习了文件系统的类型、文件和目录的权限管理，以及如何修改文件和目录的默认权限与隐藏属性。

在任务一中，我们重点介绍了不同类型的文件系统，如 Ext3、Ext4 和 XFS，讨论了它们的优缺点与适用场景。通过对比分析，学生们可以清晰地了解每种文件系统在实际应用中的表现，为未来的系统设计和选择提供了实际的决策基础。

在任务二中，我们聚焦 Linux 操作系统中的文件权限管理。学生们学习了如何设置和修改文件及目录的权限，使用了 chmod 等命令。此外，通过模拟不同用户的访问情况，学生们了解了正确设置权限对保障系统安全性的重要性。任务中还包含了权限管理的脚本编写，以增强学生们在实际环境中应用这些知识的能力。

在任务三中，我们探讨了文件属性和权限设置，如 umask 的应用、使用 chattr 和 lsattr 命令管理文件的隐藏属性，以及特殊权限（如 SUID、SGID 和 SBIT）。通过实际操作和练习，学生们不仅可以学会如何设置和管理这些高级权限，还可以理解它们在提高文件系统安全性和操作灵活性中的作用。

整体而言，本项目不仅加深了学生们对 Linux 文件系统的深层次理解，还通过实战练习加强了学生们的实际操作能力，为其将来在更复杂的系统环境中进行有效管理打下坚实的基础。

提升练习

目标：学生将运用所学的关于文件系统类型、权限管理、文件属性和权限设置的知识，创建、管理和保护一个模拟的企业级文件系统。

描述：学生将设置一个模拟的公司网络环境，包括服务器和多个工作站，该环境将使用 Linux 操作系统。学生需要配置文件服务器，确保文件的安全性和可访问性。

1. 环境设置与文件系统选择

（1）选择合适的文件系统（如 Ext4、XFS）并对比其优缺点。

（2）为服务器和工作站配置所选的文件系统。

（3）说明选择该文件系统的理由。

2. 文件权限和安全策略设计

（1）设计一个详细的文件权限分配方案，包括不同部门和个人的访问权限。

（2）使用 chmod 等命令实现权限设置。

（3）编写脚本自动化常见的权限调整和日常安全检查任务。

3. 高级权限设置和故障恢复模拟

（1）使用 umask 设置新文件和目录的默认权限，以符合公司的安全政策。

（2）演示 chattr 命令的使用，保护关键配置文件不被修改或删除。

（3）模拟文件系统被损坏的情况，并模拟数据恢复过程。

项目六　配置与管理磁盘

任务一　熟练使用常用磁盘管理工具

任务要求

知识要求：掌握 fdisk、mkfs 等磁盘管理工具的使用方法。

实施要求：

（1）能够熟练打开和操作 Linux 终端。

（2）通过实际操作练习基础命令，加深对命令作用和用法的理解。

（3）学会使用磁盘管理命令进行操作，如创建、删除、格式化磁盘分区等。

（4）学会查找命令的使用手册和快速帮助信息，提高解决问题的能力。

技术要求：

（1）掌握命令行的基本操作技巧，包括命令的输入、执行和查看结果。

（2）能够使用命令行完成磁盘分区、格式化和挂载。

任务实施

（1）课前，教师发布任务书，要求学生使用 Linux 命令行工具对服务器进行日常操作与维护。学生根据任务书在线学习相关知识，熟悉通过命令行界面操作 Linux 操作系统，并掌握 fdisk、mkfs 等磁盘管理工具的使用方法。

（2）课中，教师对学生的课前任务完成情况进行评讲，特别是对 fdisk 命令的使用，以及创建、查看、删除分区的过程。教师进行实际操作演示，包括如何通过命令行工具进行磁盘分区、格式化和挂载。

（3）课后，学生根据教师的评讲和演示巩固学习，实际操作 Linux 常用的磁盘管理命令。学生掌握 Linux 命令行工具的操作和使用方法，准备实验报告并提交。

任务知识

在安装 Linux 操作系统时，其中有一个步骤是进行磁盘分区。在分区时可以采用 Disk Druid、RAID 和 LVM 等方式。除此之外，还可以采用 fdisk、mkfs、fsck 等分区工具。

1. fdisk 命令

fdisk 磁盘分区工具在 DOS、Windows 和 Linux 操作系统中都有相应的应用程序。在 Linux 操作系统中，fdisk 是基于菜单的命令。当对硬盘进行分区时，可以在 fdisk 命令后面直接加上要进行分区的硬盘作为参数。例如，对新增加的第二块 SCSI 硬盘（如/dev/sdb）进行分区的操作如下。

```
[root@Linux7-1 ~]# fdisk /dev/sdb
Command (m for help):
```

在 Command 提示后面输入相应的命令来选择需要进行的操作，如输入"m"表示列出所有可用命令。表 6-1 所示为 fdisk 命令选项。

表 6-1　fdisk 命令选项

命令选项	功能	命令选项	功能
a	调整硬盘启动分区	q	不保存更改，退出 fdisk 命令
d	删除硬盘分区	t	更改分区类型
l	列出所有支持的分区类型	u	切换所显示的分区大小的单位
m	列出所有可用命令	w	把修改写入硬盘分区表并退出
n	创建新分区	x	列出高级选项
p	列出硬盘分区表		

下面以在/dev/sdb 硬盘上创建大小为 500MB、文件系统类型为 Ext3 的 /dev/sdb1 主分区为例，讲解 fdisk 命令的用法。

使用如下命令，打开 fdisk 操作菜单。

磁盘分区

```
[root@Linux7-1 ~]# fdisk /dev/sdb
Command (m for help):
```

输入"p"查看当前分区表。从命令执行结果中可以看到，/dev/sdb 硬盘中并无任何分区。

```
// 使用 p 命令查看当前分区表
[root@Linux7-1 ~]# fdisk /dev/sdb
Command (m for help): p
Disk /dev/sdb:1073 MB, 1073741824  bytes
255 heads, 63 sectors/track, 130 cylinders
Units = cylinders of 16065 * 512 = 8225280 bytes
    Device Boot     Start        End       Blocks          Id        System
Command (m for help):
```

执行结果中显示了/dev/sdb 硬盘的参数和分区情况。/dev/sdb 硬盘大小为 1073MB，有 255 个磁头、130 个柱面，每个柱面有 63 个扇区。从第 4 行开始是分区情况，依次为分区名、是否为启动分区、起始柱面、终止柱面、分区的总块数、分区 Id、文件系统类型。例如，下面所示的/dev/sda1 分区是启动分区（带有 "*"），起始柱面为 1，终止柱面为 12，分区的总块数为 96358 块（每块的大小是 1024 字节，即总共有 100MB 左右的空间）。每柱面的扇区数等于磁头数乘以每柱的扇区数，每两个扇区为 1 块，因此分区的总块数等于分区占用的总柱面数乘以磁头数，再乘以每柱面的扇区数并除以 2。例如，/dev/sda2 的总块数 =(44-13+1)×255×63/2=257 040。

```
[root@Linux7-1 ~]# fdisk /dev/sda
Command (m for help): p
Disk /dev/sdb:6442 MB, 6442450944 bytes
255 heads, 63 sectors/track, 783 cylinders
Units = cylinders of 16065 * 512 = 8225280 bytes
   Device Boot    Start      End       Blocks       Id      System
   /dev/sda1 *      1        12        96358+       83      Linux
   /dev/sda2        13       44        257040       82      Linux swap
   /dev/sda3        45       783       5936017+     83      Linux
```

输入 "n"，创建一个新分区。输入 "p"，选择创建主分区（输入 "e" 创建扩展分区，输入 "1" 创建逻辑分区）；输入数字 "1"，创建第一个主分区（主分区和扩展分区的数字标识可为 1~4，而逻辑分区的数字标识从 5 开始）；输入此分区的起始扇区、结束扇区，以确定当前分区的大小，也可以使用+sizeM 或者+sizeK 的方式指定分区大小。操作如下。

```
Command (m for help): n
Command action
   e   extended
   p   primary partition(1-4)
p                    // 输入 "p"，以创建主分区
Partition number（1-4）: 1
First cylinder(1-130, default 1):
Using default value 1
Hex code (type L to list codes): 83
```

输入 "1" 可以查看已知的分区类型及其 Id，其中，列出 Linux 操作系统的 Id 为 83；输入 "t"，指定/dev/sdb1 分区的文件系统类型为 Linux，操作如下。

```
// 指定 /dev/sdb1 分区文件系统类型为 Linux
Command (m for help): t
Select partition 1
Hex code (type L to list codes): 83
```

提示：如果不知道文件系统类型的 Id 是多少，则可以输入 "L" 查找。

创建分区后，输入 "w"，把分区信息写入硬盘分区表并退出。

以同样的方法创建磁盘分区/dev/sdb2、/dev/sdb3。

如果要删除磁盘分区，则在 fdisk 操作菜单中输入"d"，并选择相应的磁盘分区即可。删除后输入"w"，保存并退出。

```
//删除/dev/sdb3分区，保存并退出
Command (m for help): d
Partition number (1, 2, 3): 3
Command (m for help): w
```

2. mkfs 命令

对硬盘进行分区后，下一步的工作就是创建文件系统。类似于 Windows 操作系统中的格式化硬盘。由于在硬盘分区上创建文件系统会冲掉分区上的数据，并且数据不可恢复，因此在创建文件系统之前要确认分区上的数据不再使用。创建文件系统的命令是 mkfs，其语法格式如下。

```
mkfs [参数] 文件系统
```

mkfs 命令常用的选项如下。

- -t：指定要创建的文件系统类型。
- -c：创建文件系统前先检查磁盘坏块。
- -l file：从 file 文件中读取磁盘坏块列表，file 文件一般是由磁盘坏块检查程序产生的。
- -V：输出创建文件系统的详细信息。

例如，在/dev/sdb1 分区中创建 Ext4 类型的文件系统，在创建时检查磁盘坏块并显示详细信息，示例代码如下。

```
[root@Linux7-1 ~]# mkfs -t ext4 -V -c /dev/sdb1
```

完成了存储设备的分区和格式化操作，接下来就要挂载并使用存储设备了。与之相关的步骤也非常简单：首先，创建一个用于挂载设备的挂载点目录；然后，使用 mount 命令将存储设备与挂载点进行关联；最后，使用 df -h 命令查看挂载状态和硬盘使用量信息。

```
[root@Linux7-1 ~]# mkdir /newFS
[root@Linux7-1 ~]# mount /dev/sdb1 /newFS/
[root@Linux7-1 ~]# df -h
文件系统                    容量   已用  可用 已用% 挂载点
devtmpfs                   227M     0  227M    0% /dev
tmpfs                      244M     0  244M    0% /dev/shm
tmpfs                      244M   22M  223M    9% /run
tmpfs                      244M     0  244M    0% /sys/fs/cgroup
/dev/mapper/centos-root   6.2G  4.1G  2.2G   66% /
/dev/sda1                 1014M  172M  843M   17% /boot
tmpfs                       49M   12K   49M    1% /run/user/42
tmpfs                       49M     0   49M    0% /run/user/0
```

3. fsck 命令

fsck 命令主要用于检查文件系统的正确性，并对 Linux 磁盘进行修复。fsck 命令的语法格式如下。

```
fsck [选项] 文件系统
```

fsck 命令常用的选项如下。

- -t：给定文件系统类型，如果在/etc/fstab 中已有定义或 kemel 本身是已支持的，则无须添加此选项。
- -s：逐个执行 fsck 命令进行检查。
- -A：对/etc/fstab 中所有列出来的分区进行检查。
- -C：显示完整的检查进度。
- -d：列出 fsck 命令的 debug 结果。
- -P：在具有-A 选项的同时，多个 fsck 命令的检查一起执行。
- -a：如果在检查中发现错误，则自动修复。
- -r：如果在检查中发现错误，则询问用户是否需要修复。

例如，检查/dev/sdb1 分区中是否有错误，如果有错误，则自动修复（必须先将磁盘卸载才能检查分区）。

```
[root@Linux7-1 ~]# umount /dev/sdb1
[root@Linux7-1 ~]# fsck -a /dev/sdb1
fsck，来自 util-linux 2.23.2
/dev/sdb1: clean, 11/128016 files, 26684/512000 blocks
```

4. dd 命令

dd 命令用于创建和使用交换文件。

当系统的交换分区不能满足系统的需求，而磁盘上又没有可用空间时，可以使用交换文件提供虚拟内存。

```
[root@Linux7-1 ~]# dd if=/dev/zero of=/swap bs=1024 count=10240
```

上述命令的执行结果是在硬盘的根目录中创建一个块大小为 1024 字节、块数为 10240 的/swap 交换文件。该文件的大小为 1024×10240=10MB。

创建/swap 交换文件后，使用 mkswap 命令声明该文件用于交换空间。

```
[root@Linux7-1 ~]# mkswap /swap
```

使用 swapon 命令可以激活交换空间，而使用 swapoff 命令可以关闭被激活的交换空间。

```
[root@Linux7-1 ~]# swapon /swap
[root@Linux7-1 ~]# swapoff /swap
```

5. df 命令

df 命令用于查看文件系统的磁盘空间使用情况。使用该命令可以获取硬盘被占用的空间，以及目前的剩余空间等信息，还可以获取文件系统的挂载位置。

df 命令的语法格式如下。

```
df  [选项]
```

df 命令的常见选项如下。

- -a：显示常规的文件系统，包括那些通常不占用物理磁盘空间的文件系统，如/proc 文件系统。
- -k：以字节为单位显示。
- -i：显示 i 节点信息。
- -t：显示各指定类型的文件系统的磁盘空间使用情况。
- -x：列出不是某一指定类型的文件系统的磁盘空间使用情况（与-t 选项相反）。
- -T：列出文件系统的类型。

例如，列出文件系统的磁盘空间使用情况：

```
[root@Linux7-1 ~]# df
文件系统                    1K-块      已用      可用 已用% 挂载点
devtmpfs                  232344        0   232344    0% /dev
tmpfs                     249336        0   249336    0% /dev/shm
tmpfs                     249336    21728   227608    9% /run
tmpfs                     249336        0   249336    0% /sys/fs/cgroup
/dev/mapper/centos-root 6486016  4247964  2238052   66% /
/dev/sda1               1038336   175476   862860   17% /boot
tmpfs                      49868       12    49856    1% /run/user/42
tmpfs                      49868        0    49868    0% /run/user/0
```

列出文件系统的 i 节点的使用情况：

```
[root@Linux7-1 ~]# df -ia
文件系统                 Inode 已用（I） 可用（I） 已用（I）% 挂载点
sysfs                      0       0        0        - /sys
proc                       0       0        0        - /proc
devtmpfs               58086     370    57716       1% /dev
securityfs                 0       0        0        - /sys/kernel/security
tmpfs                  62334       1    62333       1% /dev/shm
devpts                     0       0        0        - /dev/pts
tmpfs                  62334     648    61686       2% /run
tmpfs                  62334      16    62318       1% /sys/fs/cgroup
cgroup                     0       0        0        - /sys/fs/cgroup/systemd
pstore                     0       0        0        - /sys/fs/pstore
cgroup                     0       0        0        - /sys/fs/cgroup/cpu,cpuacct
cgroup                     0       0        0        - /sys/fs/cgroup/devices
```

```
cgroup                    0        0        0      - /sys/fs/cgroup/freezer
cgroup                    0        0        0      - /sys/fs/cgroup/memory
cgroup                    0        0        0      - /sys/fs/cgroup/hugetlb
cgroup                    0        0        0      - /sys/fs/cgroup/perf_event
cgroup                    0        0        0      - /sys/fs/cgroup/pids
…
```

列出文件系统的类型:

```
[root@Linux7-1 ~]# df -T
文件系统                  类型        1K-块      已用      可用 已用% 挂载点
devtmpfs                 devtmpfs  232344         0   232344    0% /dev
tmpfs                    tmpfs     249336         0   249336    0% /dev/shm
tmpfs                    tmpfs     249336     21728   227608    9% /run
tmpfs                    tmpfs     249336         0   249336    0% /sys/fs/cgroup
/dev/mapper/centos-root xfs      6486016   4247964  2238052   66% /
/dev/sda1                xfs     1038336    175476   862860   17% /boot
tmpfs                    tmpfs      49868        12    49856    1% /run/user/42
tmpfs                    tmpfs      49868         0    49868    0% /run/user/0
```

6. du 命令

du 命令用于显示磁盘空间的使用情况。使用该命令可逐级显示指定目录的每一级子目录占用文件系统数据块的情况。du 命令的语法格式如下。

```
du  [选项]  [文件或目录名称]
```

du 命令的选项如下。

- -s：对每个 name 参数只给出占用的数据块数。
- -a：递归显示指定目录中各文件及子目录中文件占用的数据块数。
- -b：以字节为单位列出磁盘空间的使用情况（AS 4.0 中默认以 KB 为单位）。
- -k：以 1024 字节为单位列出磁盘空间的使用情况。
- -c：在统计后加上一个总计（系统默认设置）。
- -l：计算所有文件的大小，对硬链接文件重复计算。
- -x：跳过不同文件系统中的目录，不统计。

例如，以字节为单位列出所有文件和目录的磁盘空间的使用情况，命令如下。

```
[root@Linux7-1 ~]# du -ab
```

7. mount 与 umount 命令

（1）mount 命令。

在磁盘上创建好文件系统之后，还需要把新创建的文件系统挂载到系统上才能使用，这个过程被称为挂载，文件系统所挂载到的目录被称为挂载点（Mount Point）。Linux 操作系统中提供了/mnt 和/media 两个专门的挂载点。一般而言，挂载点应该是一个空目录，否则目录中原来的文件将被系统隐藏。通常将光盘和软盘挂载到/media/cdrom（或/mnt/cdrom）与/media/floppy（或/mnt/floppy）中，其对应的设备文件名分别为/dev/cdrom 和/dev/fd0。

文件系统可以在系统引导过程中自动挂载，也可以手动挂载，手动挂载文件系统的挂载命令是 mount。mount 命令的语法格式如下。

```
mount [选项] 设备 挂载点
```

mount 命令的主要选项如下。

- -t：指定要挂载的文件系统的类型。
- -r：如果不想修改要挂载的文件系统，则可以使用该选项以只读方式挂载文件系统。
- -w：以可写方式挂载文件系统。
- -a：挂载/etc/fstab 文件中记录的设备。

把文件系统类型为 Ext4 的/dev/sdb1 磁盘分区挂载到/newFS 目录中，可以使用如下命令。

```
[root@Linux7-1 ~]# mount -t ext4 /dev/sdb1 /newFS
```

挂载光盘可以使用如下命令。

```
[root@Linux7-1 ~]# mkdir /media/cdrom
[root@Linux7-1 ~]# mount -t iso9660 /dev/cdrom /media/cdrom
```

（2）umount 命令。

文件系统可以被挂载，也可以被卸载。卸载文件系统的命令是 umount。umount 命令的语法格式如下。

```
umount 设备 挂载点
```

例如，卸载光盘可以使用如下命令。

```
[root@Linux7-1 ~]# umount/media/cdrom
```

注意：光盘在没有被卸载之前，无法从驱动器中弹出。不能卸载正在使用的文件系统。

8. 文件系统的自动挂载

如果想要实现在每次开机时自动挂载文件系统，则可以通过编辑/etc/fstab 文件来实现。/etc/fstab 文件中列出了在引导系统时需要挂载的文件系统，以及文件系统的类型和挂载参数。系统在引导过程中会读取/etc/fstab 文件，并根据该文件的配置参数挂载相应的文件系统。以下是一个/etc/fstab 文件的内容。

```
[root@Linux7-1 ~]# cat /etc/fstab

#
# /etc/fstab
# Created by anaconda on Mon Mar 18 21:07:19 2024
#
```

```
# Accessible filesystems, by reference, are maintained under '/dev/disk'
# See man pages fstab(5), findfs(8), mount(8) and/or blkid(8) for more info
#
/dev/mapper/centos-root /                        xfs     defaults     0 0
UUID=30699905-64c2-409d-9368-626a9e4d61bf /boot   xfs     defaults     0 0
/dev/mapper/centos-swap swap                      swap    defaults     0 0
```

/etc/fstab 文件的每行都分别代表了一个文件系统，每行又包含 6 列，这 6 列的内容如下。

```
fs_spec    fs_file    fs_vfstype    fs_mntops    fs_freq    fs_passno
```

具体含义如下。

- fs_spec：将要挂载的设备文件。
- fs_file：文件系统的挂载点。
- fs_vfstype：文件系统的类型。
- fs_mntops：挂载选项，决定在传递给 mount 命令时如何挂载，各选项之间使用逗号隔开。
- fs_freq：由 dump 程序决定文件系统是否需要备份，0 表示不备份，1 表示备份。
- fs_passno：由 fsck 程序决定在引导时是否检查磁盘和次序，取值可以为 0、1、2。

例如，如果想实现每次开机都自动将文件系统类型为 vfat 的/dev/sdb3 分区自动挂载到 /media/sdb3 目录中，则需要在/etc/fstab 文件中添加下面一行内容。这样，重新启动计算机后，/dev/sdb3 分区就能自动挂载了。

```
/dev/sdb3   /media/sdb3   vfat   defaults   0   0
```

任务拓展

1. 磁盘分区实战

（1）学生需要在虚拟机中添加一块新的 SCSI 硬盘（如/dev/sdb），并使用 fdisk 命令进行分区。

（2）创建一个主分区和一个扩展分区，其中，主分区挂载到 Ext4 文件系统中，在扩展分区中创建两个逻辑分区，每个逻辑分区分别挂载到不同类型的文件系统中（如 Ext3 和 XFS）。

（3）每步操作后使用 fdisk 命令的 p 选项检查分区表的正确性。

2. 创建与检查文件系统

（1）使用 mkfs 命令在新建的分区中创建文件系统。

（2）使用 fsck 命令检查创建的文件系统的完整性和正确性。

3. 挂载与卸载存储设备

（1）学生需手动挂载分区到指定挂载点，验证文件系统的可用性并卸载。

（2）编辑/etc/fstab 文件，实现开机自动挂载，并重启虚拟机验证自动挂载设置。

任务二　配置与管理磁盘配额

任务要求

知识要求：

（1）了解 Linux 文件系统支持的磁盘配额功能。

（2）掌握如何通过索引节点数和磁盘块区数限制用户与组群对磁盘空间的使用。

实施要求：

（1）能够配置与管理磁盘配额，确保系统的平衡使用。

（2）学会如何通过命令行工具检查和修改配额设置。

技术要求：了解如何编辑/etc/fstab 文件以实现磁盘配额的自动挂载。

任务实施

（1）课前，教师讲解 Linux 磁盘配额的概念和基本操作，分发实验指导书。

（2）课中，学生在教师指导下通过实验操作学习如何配置与管理磁盘配额。

（3）课后，学生复习课堂内容，准备相关的实验报告，提交给教师评审。

任务知识

Linux 是一个多用户的操作系统，为了防止某个用户或组群占用过多的磁盘空间，可以通过磁盘配额（Disk Quota）功能限制用户和组群对磁盘空间的使用。在 Linux 操作系统中可以通过索引节点数和磁盘块区数来限制用户和组群对磁盘空间的使用。

限制用户和组群的索引节点数（inode）是指限制用户和组群可以创建的文件数量。

限制用户和组群的磁盘块区数（block）是指限制用户和组群可以使用的磁盘容量。

注意：任务二和任务三都基于任务一中对/dev/sdb 磁盘的各种处理。为了使后续的任务能正常进行，需要注意如下几个问题：/dev/sdb 磁盘的第 2 个分区是独立分区；将/dev/sdb2 分区挂载到/disk2 中；使用/etc/fstab 文件完成自动挂载；重启，使计算机自动挂载生效。

任务拓展

1. 磁盘配额配置

（1）学生配置/dev/sdb1 分区的配额，为单个用户和组群设置磁盘使用限制。

（2）使用 edquota 工具为 myquota1～myquota5 组群设置磁盘使用量的上限为 300MB，且配置警告限额为 250MB。

（3）为 myquotagrp 组群设置总使用限额为 1GB。

2. 配额效果验证

（1）使用 dd 命令尝试在超出配额限制时写入数据，观察系统如何响应。

（2）使用 repquota 命令生成配额使用报告，验证配额配置是否生效。

3. 配额调整与问题解决

（1）根据实际配额使用情况，调整用户和组群的配额配置。

（2）解决可能出现的配额不生效问题，检查挂载选项并重新挂载文件系统。

任务三　磁盘配额配置企业案例

任务要求

知识要求：

（1）了解企业环境中磁盘配额配置的需求和挑战。

（2）了解磁盘配额在企业环境中的应用案例。

实施要求：

（1）能够根据企业需求设计和实施磁盘配额方案。

（2）学会为不同的用户和组群配置不同的磁盘使用限额。

技术要求：

（1）掌握如何使用脚本自动创建用户和组群，并配置磁盘配额。

（2）了解如何监控和调整磁盘配额，以适应企业运营的变化。

任务实施

（1）课前，学生需要阅读企业磁盘配额案例，了解企业内不同用户和组群的磁盘使用需求。

（2）课中，教师引导学生讨论如何在实际企业环境中实施磁盘配额管理。

（3）课后，学生根据讨论内容设计一个简单的磁盘配额方案，准备案例报告并提交给教师。

任务知识

知识 1　环境需求

5 个员工的账户分别是 myquota1、myquota2、myquota3、myquota4 和 myquota5，其账户密码都是 password，且这 5 个账户所属的初始组群都是 myquotagrp，其他的账户属性使用默认值。

　　用户的磁盘使用量限制：5 个用户都能够获取 300MB 的磁盘使用量，而文件数量不予限制。此外，只要使用量超过 250MB，就予以警告。

　　组群的磁盘使用量限制：由于还有其他用户存在，因此限制 myquotagrp 组群最多仅能使用 1GB 的磁盘空间。也就是说，如果 myquota1、myquota2 和 myquota3 用户都使用了 280MB 的磁盘空间，那么其他两个用户最多只能使用 184（1GB-280MB×3）MB 的磁盘容量。这就是同时设置用户与组群的磁盘使用量会产生的效果。

　　宽限时间的限制：希望每个用户在超过 soft 值之后，都还能有 14 天的宽限时间。

知识 2　解决方案

1. 使用 script 创建 quota 实训所需的环境

在制作账户环境时，由于有 5 个账户，因此使用 script 创建环境。

```
[root@Linux7-1 ~]# vim addacount.sh
#!/bin/bash
# 使用 script 来创建 quota 实训所需的环境
groupadd myquotagrp
for username in myquota1 myquota2 myquota3 myquota4 myquota5
do
        useradd -g myquotagrp $username
        echo "password" | passwd --stdin $userename
done
[root@Linux7-1 ~]# sh addacount.sh
```

2. 启动系统的磁盘配额

（1）文件系统支持。

　　要使用 quota 就必须有文件系统的支持。如果已经使用了预设支持 quota 的核心，则接下来需要启动文件系统的支持。不过，由于 quota 仅针对整个文件系统进行规划，因此我们需要先检查一下/home 是否为一个独立的文件系统。这需要使用 df 命令。

```
[root@Linux7-1 ~]# df -h /home
文件系统                容量 已用 可用 已用% 挂载点
/dev/mapper/centos-root  6.2G  5.0G  1.3G   81%  /
[root@Linux7-1 ~]# mount|grep home
```

　　从上面的数据来看，这台主机的/home 确实是一个独立的文件系统，因此可以直接限制/dev/sda3。如果你的系统的/home 并非独立的文件系统，则可能要针对根目录（/）来规范。不过，不建议在根目录中设定 quota。另外，由于 vfat 文件系统并不支持 Linux quota 功能，因此我们要使用 mount 命令查询/home 的文件系统是什么。如果是 Ext2、Ext3 或 Ext4，则支持 quota。

（2）如果只是想要在本次开机中实验 quota，则可以使用以下方式来手动加入 quota 的支持。

```
[root@Linux7-1 ~]# mount -o remount,userquota,grpquota /home
[root@Linux7-1 ~]# mount|grep home
/dev/sda3 on /home type ext4(rw, relatime, seclabel, quota, usrquota,
grpquota, data=ordered)
# 重点在于 userquota,grpquota ，注意写法
```

（3）自动挂载。

由于手动挂载的数据在下次重新挂载时就会消失，因此最好写入配置文件。

```
[root@Linux7-1 ~]# vim /etc/fstab
/dev/mapper/centos-root /                     xfs     defaults     0 0
# 其他项目并没有列出来，重点在于第 4 个字段，default 后面加上两个参数
[root@Linux7-1 ~]# umount /home
[root@Linux7-1 ~]# mount -a
[root@Linux7-1 ~]# mount|grep home
/dev/sda3 on /home type ext4(rw,quota,usrquota)
```

还是要再次强调，修改完/etc/fstab 文件后，务必要测试一下。若有错误，则需要及时处理，因为如果该文件修改错误，会造成无法完全开机的情况。最好使用 vim 来修改，因为 vim 会进行语法的检验。接下来让我们创建 quota 记录文件。

3. 创建 quota 记录文件

其实 quota 是通过先分析整个文件系统中每个账户（组群）拥有的文件总数与总容量，再将这些数据记录在该文件系统的顶层目录中，并在记录文件中使用每个账户（组群）的限制值去规范磁盘使用量的。所以，为了确保文件系统的配额管理能够正常运行，我们需要创建两个特定的文件，即 aquota.user 和 aquota.group。使用 quotacheck 命令可以扫描文件系统并建立 quota 记录文件。

当我们执行 quotacheck 命令时，系统会担心破坏原有的记录文件，所以会产生一些错误警告信息。如果你确定没有任何人在使用 quota，则可以强制重新进行 quotacheck 命令的动作（-mf）。在强制执行的情况下可以使用以下选项功能。

```
# 如果因为特殊需求需要强制扫描已挂载的文件，则可以使用如下命令
[root@Linux7-1 ~]# quotacheck -avug -mf
quotacheck:Scanning /dev/sda3 [/home] done
quotacheck:Checked 130 directories and 109 files
#因为有 quota 记录文件存在，所以警告信息不会出现
```

这样 quota 记录文件就创建完了。这两个文件是用于存储用户和组群磁盘配额信息的，它们并不是普通的文本文件，而是具有特定格式的数据文件。每当用户对/home 文件系统

进行操作时，如创建、删除或修改文件和目录，这些操作都会影响磁盘的使用情况。系统会自动将这些操作的结果实时记录到 aquota.user 和 aquota.group 文件中，以确保配额数据的准确性和实时性。因此，这两个文件会不断发生变化，我们强烈建议不要手动编辑这两个文件，因为手动编辑可能导致数据损坏或不一致。

4. quota 的启动、关闭与限制值设定

创建好 quota 记录文件后，接下来就要启动 quota 了。启动的方法很简单，使用 quotaon -avug 命令即可。至于关闭 quota，则需要使用 quotaoff 命令。

（1）quotaon 命令：启动 quota 的服务。

```
[root@Linux7-1 ~]# quotaon -avug
[root@Linux7-1 ~]# quotaon -vug /mount_point
```

其选项如下。

- -u：针对用户启动 quota（aquota.user）。
- -g：针对组群启动 quota（aquota.group）。
- -v：显示启动过程的相关信息。
- -a：根据/etc/mtab 中的文件系统设定与启动有关的 quota，如果不添加-a 选项，则后面需要加上特定的文件系统。

由于我们要启动用户/组群的 quota，因此使用下面的命令即可。

```
[root@Linux7-1 ~]# quotaon -avug
/dev/sda3[/home]:group quotas turned on
/dev/sda3[/home]:user quotas turned on

# 特殊用法，如果加入用户启动/var 的 quota 支持，那么将仅启动 user quota
[root@Linux7-1 ~]# quotaon -uv /var
```

quotaon -avug 命令几乎只在第一次启动 quota 时才需要，因为在下次重新启动系统时，系统的/etc/rc.d/rc.sysinit 初始化脚本就会自动下达该命令了。因此只需在这次实训中使用一次该命令即可，未来都不需要自行启动 quota。

（2）quotaoff 命令：关闭 quota 的服务。

在进行完本次实训前不要关闭该服务。

（3）edquota 命令：编辑账户/组群的限制值与宽限时间。

① 我们先来看一看当进入 myquota1 的限制值设定时会出现什么画面。

```
[root@Linux7-1 ~]# edquota -u myquota1
```

② 需要修改的是 soft/hard 值，单位为 KB，soft 为警告值，hard 为最大值。当磁盘使用量在 soft～hard 之间时，系统就会发出警告（默认倒计时 7 天）。如果超过警告时间，磁盘使用量依然在 soft～hard 之间，则会禁止使用磁盘空间。如果修改的是 blocks 的 soft/hard 值，则表示规定用户可以使用的磁盘空间（一般都是规定磁盘使用量）；如果修

改的是 inodes 的 soft/hard 值，则表示规定用户可以创建的文件个数。这里我们修改 blocks 的 soft/hard 值。

提示：在 edquota 的画面中，每行只要保持 7 个字段就可以，不需要排列整齐。

③ 其他 5 个账户的设定可以使用 quota 复制。

```
// 将 myquota1 的限制值复制给其他 4 个账户
[root@Linux7-1 ~]# edquota -p myquota1 -u myquota2
[root@Linux7-1 ~]# edquota -p myquota1 -u myquota3
[root@Linux7-1 ~]# edquota -p myquota1 -u myquota4
[root@Linux7-1 ~]# edquota -p myquota1 -u myquota5
```

④ 更改组群的 quota 限制值。

```
[root@Linux7-1 ~]# edquota -g myquotagrp
```

这样配置表示 myquota1、myquota2、myquota3、myquota4、myquota5 用户最多使用 300MB 的磁盘空间，超过 250MB 就发出警告并进入倒计时，而 myquota 组群最多使用 1000MB 的磁盘空间。也就是说，虽然 myquota1～myquota5 用户都有 300MB 的最大磁盘空间使用权限，但他们都属于 myquotagrp 组群，所以对应的磁盘使用量不得超过 1000MB。

⑤ 将宽限时间改为 14 天。

```
[root@Linux7-1 ~]# edquota -t
```

5. repquota 命令：针对文件系统的限额制作报表

```
[root@Linux7-1 ~]# repquota /dev/sda3
```

任务拓展

1. 企业环境模拟

（1）模拟一个企业环境，包含多个部门，每个部门有不同的磁盘使用需求。

（2）为每个部门配置不同的磁盘配额，如为营销部门配置 300MB，研发部门配置 500MB。

2. 脚本自动化操作

（1）学生编写脚本自动创建用户和组群，为每个部门的用户设置初始配额。

（2）使用脚本自动调整磁盘配额，模拟定期审核和配额调整过程。

3. 实际案例应用

（1）根据给定的业务增长情况，学生需要调整磁盘配额，以适应新的业务需求。

（2）编写报告分析磁盘配额对企业 IT 管理的影响，并提出改进建议。

项目小结

在本项目中，我们详细探讨了 Linux 操作系统中磁盘管理工具的使用，包括磁盘分区、文件系统的创建与检查，以及磁盘配额的配置与管理。通过具体的实战练习，学生不仅能够熟练操作常用的磁盘管理命令，如 fdisk、mkfs 和 fsck，还能在模拟的企业环境中应用这些命令，进行有效的磁盘配额管理。

提升练习

背景设定：假设你是一家公司的系统管理员，公司计划迁移其现有服务器到新的硬件平台上，并在迁移过程中升级和扩展系统的存储容量。你的任务是确保数据的无缝迁移，同时优化磁盘空间的使用，并实施有效的磁盘配额管理策略。

1. 磁盘分区与文件系统准备

（1）使用 fdisk 或 parted 工具在新服务器上创建满足企业需求的磁盘分区方案。

（2）为每个分区选择合适的文件系统（如 Ext4、XFS 等），并考虑系统的性能和安全需求。

（3）格式化这些分区并确保它们正确挂载。

2. 数据迁移

（1）制订数据迁移计划，使用 rsync 或其他同步工具安全复制旧服务器中的数据到新服务器中。

（2）确保数据的完整性和一致性，验证文件权限和所有权是否发生变化。

3. 磁盘配额管理

（1）根据新的业务需求，为不同部门和组群设置磁盘配额。

（2）使用 quota 工具监控磁盘的使用情况，并调整配额，以适应公司的扩张。

4. 系统优化与性能监测

（1）配置系统以自动监测磁盘空间和性能。

（2）分析系统的性能报告，根据需要调整文件系统和配额设置。

5. 文档和报告

（1）编写详细的操作文档，包括分区方案、数据迁移步骤、配额设置和性能优化措施。

（2）准备一个简短的报告，概述迁移过程中遇到的问题及其解决方案，以及未来的维护措施和扩展建议。

项目七　配置网络与 SSH 服务

任务一　配置网络服务

任务要求

知识要求：了解 Linux 网络通信的基础，掌握网络配置的关键步骤。

实施要求：能够独立进行网络配置，包括主机名、IP 地址、子网掩码、默认网关、DNS 服务器等的设置。

技术要求：具备使用 Linux 命令行工具（如 nmtui、hostnamectl 和 nmcli）进行配置的能力。

任务实施

（1）课前，学生准备 Linux 操作系统环境，确保安装了所有必要的网络工具和文件编辑器。复习网络配置文件的结构和关键参数。

（2）课中，教师演示如何查看和修改网络配置，包括主机名、IP 地址、子网掩码、默认网关、DNS 服务器等的设置。学生跟随操作，使用 nmtui、hostnamectl、nmcli 配置和测试网络连接。

（3）课后，学生独立完成一个网络配置的实战演习，包括静态和动态主机名的设置。提交网络配置的截图和配置文件的复制内容进行评估。

任务知识

配置网络服务

要想 Linux 主机与网络中的其他主机进行通信，首先要进行正确的网络配置。网络配置通常包括主机名、IP 地址、子网掩码、默认网关、DNS 服务器等的设置。

知识 1　检查并设置有线网络处于连接状态

首先单击桌面右上角的"启动"按钮，弹出操作界面，然后单击"Connect"按钮，设置有线网络处于连接状态，如图 7-1 所示。

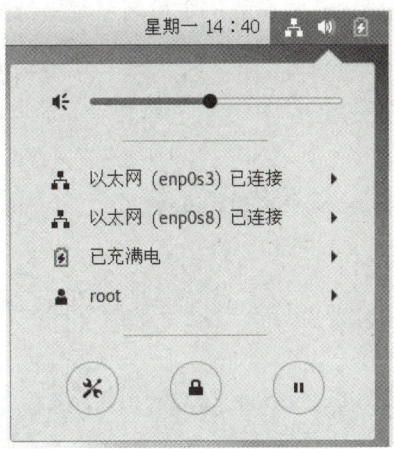

图 7-1　设置有线网络处于连接状态

特别提示：必须先使有线网络处于连接状态，这是一切配置的基础。

知识 2　设置主机名

RHEL 7 有以下 3 种形式的主机名。

- 静态的（Static）："静态"主机名也被称为内核主机名，是系统在启动时由/etc/hostname 文件自动初始化得到的主机名。
- 瞬态的（Transient）："瞬态"主机名是在系统运行时临时分配的主机名，由内核管理。例如，通过 DHCP 或 DNS 服务器分配的 localhost 就是这种形式的主机名。
- 灵活的（Pretty）："灵活"主机名是 UTF-8 格式的自由主机名，以展示给终端用户。与之前版本不同，RHEL 7 中的主机名配置文件为/etc/hostname，可以在配置文件中直接更改主机名。

（1）使用 nmtui 设置主机名。

```
[root@Linux7-1 ~]# nmtui
```

在如图 7-2、图 7-3 所示的界面中设置主机名，修改主机名为 Linux7-1。

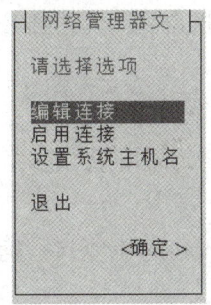

图 7-2　设置主机名

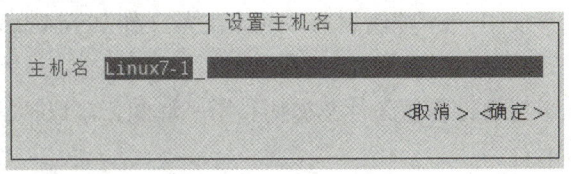

图 7-3　修改主机名为 Linux7-1

使用 NetworkManager 的 nmtui 接口修改静态主机名后（/etc/hostname 文件）不会通知 hostnamectl。要想强制让 hostnamectl 知道静态主机名已经被修改，需要重启 hostnamed 服务。

```
[root@Linux7-1 ~]# systemctl restart system-hostnamed
```

（2）使用 hostnamectl 设置主机名。

① 查看主机名。

```
[root@Linux7-1 ~]# hostnamectl status
```

② 设置新的主机名。

```
[root@Linux7-1 ~]# hostnamectl set-hostname my.smile.com
```

③ 再次查看主机名。

```
[root@Linux7-1 ~]# hostnamectl status
```

（3）使用 NetworkManager 的命令行接口 nmcli 设置主机名，nmcli 可以修改/etc/hostname 文件中的静态主机名。

```
// 查看主机名
[root@Linux7-1 ~]# nmcli general hostname
my.smile.com
// 设置新的主机名
[root@Linux7-1 ~]# nmcli general hostname Linux7-1
[root@Linux7-1 ~]# nmcli general hostname
Linux7-1
// 重启 hostnamed 服务让 hostnamectl 知道静态主机名已经被修改
[root@Linux7-1 ~]# systemctl restart system-hostnamed
```

知识 3 通过网卡配置文件和网络

网卡 IP 地址配置是否正确是两台服务器是否可以相互通信的前提。在 Linux 操作系统中，一切都是文件，因此配置网络服务的工作其实就是编辑网卡配置文件。

在 RHEL 5、RHEL 6 中，网卡配置文件的前缀为 eth，第 1 块网卡为 eth0，第 2 块网卡为 eth1，以此类推。而在 RHEL 7 中，网卡配置文件的前缀为 ifcfg，其与网卡名称共同组成了网卡配置文件的名称，如 ifcfg-ens33。

现在有一个名为 ifcfg-ens33 的网卡设备，我们将其配置为开机自启动，并且 IP 地址、子网掩码、网关地址等信息由人工指定，步骤如下。

（1）切换到/etc/sysconfig/network-scripts 目录（存放着网卡的配置文件）。

（2）使用 vim 编辑器修改网卡配置文件 ifcfg-ens33，逐项写入下面的配置参数，保存并退出。

由于每台设备的硬件及架构是不一样的，所以请读者使用 ifconfig 命令自行确认网卡的默认名称。

- 设备类型：TYPE=Ethernet。

- 地址分配模式：BOOTPROTO=static。
- 网卡名称：NAME=ens33。
- 是否启动：ONBOOT=yes。
- IP 地址：IPADDR=192.168.10.10。
- 子网掩码：NETMASK=255.255.255.0。
- 网关地址：GATEWAY=192.168.10.1。
- DNS 服务器地址：DNS1=114.114.114.114。

（3）重启网络服务并测试网络是否连通。

进入网卡配置文件所在的目录，并编辑网卡配置文件，在其中填入以下信息。

```
[root@Linux7-1 ~]# cd /etc/sysconfig/network-scripts/
[root@Linux7-1 network-scripts]# vim ifcfg-ens33

TYPE=Ethernet
PROXY_METHOD=none
BROWSER_ONLY=no
BOOTPROTO=static
DEFROUTE=yes
IPV4_FAILURE_FATAL=no
IPV6INIT=yes
IPV6_AUTOCONF=yes
IPV6_DEFROUTE=yes
IPV6_FAILURE_FATAL=no
IPV6_ADDR_GEN_MODE=stable-privacy
NAME=ens33
UUID=1cdb06c7-7841-4377-8bb2-87d046aaf5c8
DEVICE=enp0s8
ONBOOT=yes
IPADDR=192.168.10.10
NETMASK=255.255.255.0
GATEWAY=192.168.10.1
DNS1=114.114.114.114
DNS2=8.8.8.8
```

执行重启网卡设备的命令（在正常情况下不会有提示信息），并通过 ping 命令测试网络能否连通。由于在 Linux 操作系统中 ping 命令不会自动终止，因此需要手动按快捷键"Ctrl+C"来强行结束进程。

```
[root@Linux7-1 network-scripts]# systemctl restart network
[root@Linux7-1 network-scripts]# ping 192.168.10.1
PING 192.168.10.1 (192.168.5.1) 56(84) bytes of data.
64 bytes from 192.168.10.1: icmp_seq=1 ttl=128 time=1.76 ms
64 bytes from 192.168.10.1: icmp_seq=2 ttl=128 time=1.26 ms
```

任务拓展

1. 基础网络配置

（1）设置 Linux 操作系统的 IP 地址为 192.168.1.100，子网掩码为 255.255.255.0，默认网关为 192.168.1.1，并配置 DNS 服务器地址为 8.8.8.8。

（2）使用 nmcli 命令行工具实现上述配置，并使用 ping 命令测试网络连通性。

2. 设置主机名

（1）设置系统的静态主机名为 my-linux-system，瞬态主机名为 temporary-hostname，并使用 hostnamectl 命令查看设置后的结果。

（2）重启系统并验证主机名是否按预期持久化。

3. 高级网络配置

（1）编辑网卡配置文件（如 ifcfg-ens33），设置开机自启动，并配置 IP 地址、子网掩码、默认网关等。

（2）重启网络服务并使用 ifconfig 或 ip addr 命令验证配置的正确性。

任务二　配置远程控制服务

任务要求

知识要求：了解 SSH 协议的工作原理及其配置方法。

实施要求：能够配置和测试 sshd 服务，确保远程控制的安全性。

技术要求：具备修改 sshd 配置文件、设置密钥验证和禁止 root 管理员登录的技能。

任务实施

（1）课前，检查 SSH 服务的安装状态，确保所有相关的配置工具和文件编辑器都已准备好。

（2）课中，教师指导学生如何编辑 sshd_config 文件，配置端口、监听地址和登录权限等。学生实施 SSH 密钥生成、远程登录验证和配置更改的操作。

（3）课后，学生应用所学知识配置 SSH 服务，禁用密码认证，启用密钥认证。完成后，通过远程连接测试配置的有效性，并提交相关的配置截图和命令输出结果。

任务知识

知识 1　配置 SSH 服务

SSH（Secure Shell）是一种能够以安全的方式提供远程登录的协议，也是目前远程管理 Linux 操作系统的首选方式。在此之前，一般使用 FTP 或 Telnet 来进行远程登录，但是因为它们以明文的形式在网络中传输账户密码和数据信息，所以很不安全，很容易受到黑客发起的中间人攻击。轻则篡改传输的数据信息，重则直接抓取服务器的账户密码。

如果想要使用 SSH 协议来远程管理 Linux 操作系统，则需要部署配置 sshd 服务程序。sshd 是基于 SSH 协议开发的一款远程管理服务程序，不仅使用起来方便快捷，还提供了以下两种安全验证的方法。

- 基于密码的验证——使用账户和密码来验证登录。

- 基于密钥的验证——需要先在本地生成密钥对,再把密钥对中的公钥上传至服务器,并与服务器中的公钥进行比较,该方法相较来说更安全。

前文曾多次强调"Linux 操作系统中的一切都是文件"，因此在 Linux 操作系统中修改服务程序的运行参数，实际上就是在修改程序配置文件。sshd 服务的配置信息保存在 etc/ssh/sshd_config 文件中，运维人员一般会把保存着最主要配置信息的文件称为主配置文件。配置文件中有许多以井号（#）开头的注释行，要想让这些配置参数生效，需要在修改参数后去掉注释行前面的井号（#）。sshd 服务配置文件中包含的重要参数如表 7-1 所示。

表 7-1　sshd 服务配置文件中包含的重要参数

参数	作用
Port 22	默认的 sshd 服务端口
ListenAddress 0.0.0.0	设定 sshd 服务监听的 IP 地址
Protocol 2	SSH 协议的版本号
HostKey /etc/ssh/ssh_host_key	当 SSH 协议版本号为 1 时，DES 私钥存放的位置
HostKey /etc/ssh/ssh_host_rsa_key	当 SSH 协议版本号为 2 时，RSA 私钥存放的位置
HostKey /etc/ssh/ssh_host_dsa_key	当 SSH 协议版本号为 2 时，DSA 私钥存放的位置
PermitRootLogin yes	设定是否允许 root 管理员直接登录
StrictModes yes	当远程用户的私钥改变时，直接拒绝连接
MaxAuthTries 6	最多密码尝试次数
MaxSessions 10	最大终端数
PasswordAuthentication yes	是否允许密码验证
PermitEmptyPasswords no	是否允许空密码登录（很不安全）

现有计算机的情况如下。

- 计算机名为 Linux7-1，角色为 RHEL 7 服务器，IP 地址为 192.168.10.10/24。

- 计算机名为 Linux7-2，角色为 RHEL 7 客户机，IP 地址为 192.168.10.20/24。

- 需特别注意两台虚拟机的网络配置方式一定要一致，在本例中都改为桥接模式。

在 CentOS 7 系统中，已经默认安装并启用了 sshd 服务程序。接下来使用 ssh 命令在 Linux7-2 中远程连接 Linux 7-1，其格式为"ssh [参数] 主机 IP 地址"。如果要退出登录，则使用 exit 命令。

```
[root@Linux7-2 ~]# ssh 192.168.10.10
The authenticity of host '192.168.10.10 (192.168.10.10)' can't be established.
ECDSA key fingerprint is SHA256:Od4QsGMVLxA955tlFKPEpj7JtQr2M2l3sg2m6uLhXaQ.
ECDSA key fingerprint is MD5:ec:ce:b6:28:4f:7f:c3:e5:c9:f8:ba:db:3c:e7:7d:c1.
Are you sure you want to continue connecting (yes/no)? yes
Warning: Permanently added '192.168.10.10' (ECDSA) to the list of known hosts.
root@192.168.10.10's password: 此处输入远程主机 root 管理员的密码
Last login: Mon Apr 29 15:16:34 2024 from gateway
[root@Linux7-1 ~]# exit
退出登录
Connection to 192.168.10.10 closed.
```

如果禁止以 root 管理员的身份远程登录服务器，则可以大大降低被黑客暴力破解密码的概率。下面进行相应配置。

在 Linux7-1 的 SSH 服务器中，首先使用 vim 打开 sshd 服务的主配置文件，然后把第 38 行"#PermitRootLogin"参数前的井号（#）去掉，并把参数值 yes 改成 no，这样就不再允许 root 管理员远程登录服务器了。

```
[root@Linux7-1 ~]# vim /etc/ssh/sshd_config
…
36
37 #LoginGraceTime 2m
38 PermitRootLogin no
39 #StrictModes yes
…
```

一般的服务程序并不会在配置文件修改之后立即获得最新的参数。如果想让新配置文件生效，则需要手动开启相应的服务程序。最好也将这个服务程序加入开机启动项，这样系统在下一次启动时，该服务程序便会自动运行，继续为用户提供服务。

```
[root@Linux7-1 ~]# systemctl restart sshd
[root@Linux7-1 ~]# systemctl enable sshd
```

当 root 管理员尝试访问 sshd 服务程序时，系统会提示不可访问的错误信息。在 Linux7-2 中进行测试。

```
[root@Linux7-2 ~]# ssh 192.168.10.10
The  authenticity  of  host  '192.168.10.10  (192.168.10.10)'  can't  be
established.
ECDSA key fingerprint is SHA256:Od4QsGMVLxA955tlFKPEpj7JtQr2M2l3sg2m6uLhXaQ.
ECDSA key fingerprint is MD5: ec: ce: b6: 28: 4f: 7f: c3: e5: c9: f8: ba:
```

```
db: 3c: e7: 7d: c1.
Are you sure you want to continue connecting (yes/no)? yes
Warning: Permanently added '192.168.10.10' (ECDSA) to the list of known hosts.
root@192.168.10.10's password: 此处输入远程主机 root 管理员的密码
```

注意：为了不影响下面的实训，请将/etc/ssh/sshd_config 配置文件恢复到初始状态。

知识 2 安全密钥验证

加密是对信息进行编码和解码的技术，在传输数据时，如果担心被他人监听或截获，则可以先使用公钥对数据进行加密处理，再进行传输。这样，只有掌握私钥的用户才能解密这段数据，除此之外的其他用户即便截获了数据，一般也很难将其破译为明文信息。

在生产环境中使用密码进行验证存在着被暴力破解或嗅探截获的风险。如果正确配置了密钥验证方式，则 sshd 服务程序将更加安全。

下面使用密钥验证方式，以 student 用户身份登录 SSH 服务器，具体配置如下。

（1）在服务器 Linux7-1 中创建 student 用户，并设置密码。

```
[root@Linux7-1 ~]# useradd student
[root@Linux7-1 ~]# passwd student
```

（2）在客户机 Linux7-2 中生成密钥对。查看公钥 id_rsa.pub 和私钥 id_rsa。

```
[root@Linux7-2 ~]# ssh-keygen
Generating public/private rsa key pair.
Enter file in which to save the key (/root/.ssh/id_rsa):
Enter passphrase (empty for no passphrase):
Enter same passphrase again:
Your identification has been saved in /root/.ssh/id_rsa.
Your public key has been saved in /root/.ssh/id_rsa.pub.
The key fingerprint is:
SHA256:jj+bHxyyWgE6hFAI7xleXatJC3+F77yuCgiJr4sLBf4 root@Linux7-1
The key's randomart image is:
+---[RSA 2048]----+
|+o.     .        |
|.o . . . o       |
|. + + + o .      |
|o= = = = o       |
|+.= o = S o      |
| +.. . + B .     |
|. oE. . + =      |
|o.   . +.. o     |
|=o   o.=*+       |
+----[SHA256]-----+
```

151

```
[root@Linux7-2 ~]# cat /root/.ssh/id_rsa.pub
ssh-rsa
AAAAB3NzaC1yc2EAAAADAQABAAABAQCTZ62TyAAQ0a5jA7bnEka8k8PMcWHx7rvhmRJYfoshavgi
PnO9PAmMSgzh9Rbe35YlYFgVKwBx4FWFOWTeCQxm1yjfUjOcIb3aIAdBruIW7wG3xzYRYeC5Lf3k
ImacqstRbGLM5BBbFTdOrWcsHkgqOtrLKsYo6x+Lcr4ToivfDxoD8BwwjovT//f7249slLXp7xM9
TUrgLQcK3+p0LtcalaopKSoVIKB4fl/8MJS9NewbuMyKdjiOHydu4y5jlB5fSPZ91eawaE05RsHU
fc4uU6Q6ADKq5G3W5C6Ph9gXWYfBOVNmKDP/2J/ZdK0x2waI0taDhm4FUkFSE2iwhlET
root@Linux7-2
    [root@Linux7-2 ~]# cat /root/.ssh/id_rsa
```

（3）把客户机 Linux7-2 中生成的公钥文件传送至远程主机。

```
[root@Linux7-2 ~]# ssh-copy-id student@192.168.10.10
```

（4）对服务器 Linux7-1 进行设置（65 行左右），使其只允许密钥验证，拒绝传统的密码验证方式。将"PasswordAuthentication yes"改为"PasswordAuthentication no"。记得在修改配置文件后保存并重启 sshd 服务程序。

```
[root@Linux7-1 ~]# vim /etc/ssh/sshd_config
…
#PermitEmptyPasswords no
65 PasswordAuthentication no
…
[root@Linux7-1 ~]# systemctl restart sshd
```

（5）在客户机 Linux7-2 中尝试使用 student 用户远程登录服务器，此时无须输入密码也可成功登录。同时利用 ifconfig 命令可查看 ifcfg-ens33 的 IP 地址是 192.168.10.10，也就是 Linux7-1 的网卡名称和 IP 地址，说明已成功登录远程服务器 Linux7-1。

```
[root@Linux7-2 ~]# ssh student@192.168.10.10
```

（6）在服务器 Linux7-1 中查看客户机 Linux7-2 的公钥是否传送成功。

```
[root@Linux7-1 ~]# cat /home/student/.ssh/authorized_keys
ssh-rsa
AAAAB3NzaC1yc2EAAAADAQABAAABAQCTZ62TyAAQ0a5jA7bnEka8k8PMcWHx7rvhmRJYfoshavgi
PnO9PAmMSgzh9Rbe35YlYFgVKwBx4FWFOWTeCQxm1yjfUjOcIb3aIAdBruIW7wG3xzYRYeC5Lf3k
ImacqstRbGLM5BBbFTdOrWcsHkgqOtrLKsYo6x+Lcr4ToivfDxoD8BwwjovT//f7249slLXp7xM9
TUrgLQcK3+p0LtcalaopKSoVIKB4fl/8MJS9NewbuMyKdjiOHydu4y5jlB5fSPZ91eawaE05RsHU
fc4uU6Q6ADKq5G3W5C6Ph9gXWYfBOVNmKDP/2J/ZdK0x2waI0taDhm4FUkFSE2iwhlET
root@Linux7-2
```

知识 3　远程传输命令

scp（Secure Copy）是一个基于 SSH 协议，在网络之间进行安全传输的命令，其语法格式为"scp [参数] 本地文件 远程账户@远程 IP 地址:远程目录"。

任务拓展

1. SSH 基本设置

（1）配置 SSH 服务，确保 SSH 在 22 端口上监听所有 IP 地址，且允许最多密码尝试次数为 6 次。

（2）使用 vim 编辑 sshd_config 文件，并重启 sshd 服务。

2. 密钥验证配置

（1）在客户端中生成 RSA 密钥对，并将公钥复制到服务器的~/.ssh/authorized_keys 文件中。

（2）在客户端中使用 ssh 命令尝试无密码登录服务器，并验证配置是否成功。

3. 禁用 root 管理员登录和密码认证

（1）修改 sshd_config 文件，将 PermitRootLogin 设置为 no，并关闭密码验证。

（2）重启 sshd 服务，并在客户端中验证 root 管理员无法登录，同时验证只有通过密钥验证才能登录。

项目小结

本项目详细介绍了 Linux 操作系统中网络服务和 SSH 远程控制服务的配置方法。首先，我们通过任务一探讨了如何正确配置网络服务，包括 IP 地址、子网掩码、默认网关、DNS 服务器的配置，强调了使用命令行工具（如 nmtui、hostnamectl 和 nmcli）进行高效配置的技巧。接着，任务二详细讲解了 SSH 服务的安装与配置，包括密钥验证的设置和禁用 root 管理员登录的重要性，以增强系统的安全性。通过这些任务的实战练习，学生不仅能够巩固理论知识，还能通过实际操作深入理解网络服务和远程控制服务的配置流程，为日后的网络管理与安全维护打下坚实的基础。

提升练习

目标：搭建一个安全的小型网络，并实现远程管理。

1. 网络设计与配置

（1）设计一个包含两台服务器和一台客户机的网络。服务器 1（IP 地址：192.168.100.1）作为 Web 服务器，服务器 2（IP 地址：192.168.100.2）作为数据库服务器，客户机（IP 地址：192.168.100.100）用于管理。

（2）所有设备均需要配置静态 IP 地址，并确保网络互通。

2. 安全策略实施

（1）在两台服务器中安装和配置防火墙，限制访问。确保只有来自客户机的 IP 地址才能访问数据库服务器的特定端口（如 3306）。

（2）配置 Web 服务器，使其只响应来自任何 IP 地址的 HTTP 请求（80 端口）。

3. SSH 服务加固

（1）在所有服务器中配置 SSH 服务，使用非标准端口（如 2222）来避免常规攻击。

（2）禁止 root 管理员登录，启用基于密钥的认证，并确保所有计算机均使用密钥登录。

4. 远程管理实战

（1）使用客户机通过 SSH 远程登录两台服务器，验证配置的有效性。

（2）使用 SSH 从客户机传输一个测试文件到 Web 服务器中，并在数据库服务器中运行一个简单的数据库查询测试。

5. 文档与报告

（1）记录所有配置步骤和设置内容，撰写一份综合报告，包括网络设计图、配置文件的主要部分截图和测试结果。

（2）分析可能存在的安全漏洞，并提出改进建议。

项目八　安装与配置 DHCP 服务器

任务一　认识 DHCP

任务要求

知识要求：了解 DHCP 服务在网络中的作用，理解 DHCP 服务的工作过程。

实施要求：应用本地 DHCP 服务器为客户端自动分配 IP 地址。

技术要求：掌握 DHCP 服务器自动分配 IP 地址的技能。

任务实施

（1）课前，教师发布任务书，要求学生应用本地 DHCP 服务器对 Linux 操作系统和 Windows 操作系统下的客户端进行 IP 地址的自动分配；学生根据任务书在线学习相关知识，完成本地 DHCP 服务器对 Linux 操作系统和 Windows 操作系统下客户端 IP 地址的自动分配。

（2）课中，教师对学生的课前任务完成情况进行评讲。

（3）课后，学生根据教师评讲巩固学习，理解 DHCP 服务的工作过程，完善本地 DHCP 服务器对 Linux 操作系统和 Windows 操作系统下客户端 IP 地址的自动分配。

任务知识

知识 1　DHCP 简介

DHCP（Dynamic Host Configuration Protocol，动态主机配置协议）是一种简化主机 IP 地址分配管理的 TCP/IP 标准协议，通过服务器集中管理网络中使用的 IP 地址及其他相关配置信息，以降低管理 IP 地址配置的复杂性。

在 DHCP 服务中可以分为服务器和客户端两个部分，服务器使用固定的 IP 地址，在局域网中扮演着给客户端提供动态 IP 地址、DNS 配置和网管配置的角色。客户端与 IP 地址的相关配置内容都在启动时由服务器自动分配。

在网络中使用 DHCP 服务的好处如下。

（1）安全而可靠的配置。

- 避免键入值而导致的配置错误。
- 防止地址冲突。

（2）减少配置管理。

- 减少配置计算机的时间。
- 适应计算机配置需要经常更新的情况（如便携式计算机）。

知识 2　DHCP 服务的工作过程

DHCP 客户端和服务器申请 IP 地址、获得 IP 地址的过程一般被分为 DHCP 客户端发送 IP 租约请求、DHCP 服务器进行 IP 租约提供、DHCP 客户端进行 IP 租约选择、DHCP 服务器进行 IP 租约确认 4 个阶段，如图 8-1 所示。

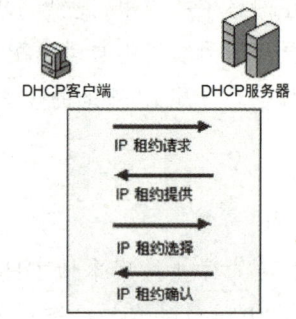

图 8-1　DHCP 服务的工作过程

1. IP 租约请求阶段

DHCP 客户端寻找 DHCP 服务器的阶段。客户端以广播方式发送 DHCPDISCOVER 包，只有 DHCP 服务器才会响应。

2. IP 租约提供阶段

DHCP 服务器提供 IP 地址的阶段。DHCP 服务器接收到客户端发送的 DHCPDISCOVER 包后，从 IP 地址池中选择一个尚未被分配的 IP 地址分配给客户端，并向该客户端发送包含租借的 IP 地址和其他配置信息的 DHCPOFFER 包。

3. IP 租约选择阶段

DHCP 客户端选择 IP 地址的阶段。如果有多台 DHCP 服务器向该客户端发送 DHCPOFFER 包，则客户端会从中随机挑选，并以广播形式向各 DHCP 服务器回应 DHCPREQUEST 包，宣告使用挑中的 DHCP 服务器提供的 IP 地址，正式请求该 DHCP 服务器分配 IP 地址。其他所有发送 DHCPOFFER 包的 DHCP 服务器接收到该数据包后，将释放已经 OFFER（预分配）给客户端的 IP 地址。

4. IP 租约确认阶段

DHCP 服务器确认所提供的 IP 地址的阶段。当 DHCP 服务器接收到 DHCP 客户端回应的 DHCPREQUEST 包后，便向客户端发送包含它所提供的 IP 地址和其他配置信息的 DHCPACK 确认包，DHCP 客户端将接收并使用 IP 地址及其他 TCP/IP 配置参数。

知识 3 分配给客户端的 IP 地址类型

1. 动态 IP 地址

客户端从 DHCP 服务器获取的 IP 地址一般都不是固定的，每次都可能不一样。在 DHCP 中，每个 IP 地址是有一定租期的，如果租期已到，则 DHCP 服务器能够将这个 IP 地址重新分配给其他客户端。

2. 静态 IP 地址

客户端从 DHCP 服务器获取的 IP 地址并不总是动态的。

任务拓展

MAC 地址，即物理地址或硬件地址，是由网络设备制造商在生产时写在硬件内部的，具有唯一性。在 TCP/IP 网络中，表面上看是通过 IP 地址进行数据传输的，实际上是通过 MAC 地址来区分不同节点的。

1. 查询本机网卡的 MAC 地址

使用 ifconfig 命令即可查询本机网卡的 MAC 地址。

```
[root@Linux7-1 ~]# ifconfig
```

2. 查询远程计算机网卡的 MAC 地址

TCP/IP 网络通信最终要用到 MAC 地址，使用 ping 命令可以获取对象的 MAC 地址信息，不过它不会显示出来，我们需要借助其他工具来完成。

```
[root@Linux7-1 ~]# ping -c 1 192.168.10.10 //ping 远程计算机 192.168.10.10 一次
[root@Linux7-1 ~]# arp -n //查询缓存在本地的远程计算机汇总的 MAC 地址
```

任务二　DHCP 服务的安装与配置

任务要求

知识要求：掌握 DHCP 服务的安装步骤；掌握 DHCP 服务配置文件的修改步骤；掌握 DHCP 服务的启动、停止、自启动操作命令。

　　实施要求：根据任务要求在虚拟机服务器中安装 DHCP 服务程序，以及启动、停止和自启动 DHCP 服务；配置 DHCP 服务器进行 IP 地址的自动分配。

　　技术要求：掌握安装 DHCP 服务程序，以及启动、停止和自启动 DHCP 服务的技能；具备配置 DHCP 服务器进行 IP 地址自动分配的能力。

任务实施

　　（1）课前，教师发布任务书，要求学生在虚拟机中安装 DHCP 服务程序、配置 DHCP 服务器；学生根据任务书在线学习相关知识，完成 DHCP 服务程序的安装和 DHCP 服务器的配置。

　　（2）课中，教师对学生的课前任务完成情况进行评讲。

　　（3）课后，学生根据教师评讲巩固学习，熟练掌握 DHCP 服务器的安装与配置方法。

任务知识

知识 1　DHCP 服务的安装

安装、启动 DHCP 服务

　　在服务器 Linux7-1 中安装 DHCP 服务程序。

1.　检测系统是否已经安装 DHCP 的相关软件

```
[root@Linux7-1 ~]# rpm -qa | grep dhcp
```

2.　使用 yum 命令安装所需软件包

　　如果系统还没有安装 DHCP 软件包，则可以使用 yum 命令安装所需软件包。

　　（1）挂载 ISO 安装映像。

```
//挂载光盘到 /iso 下
[root@Linux7-1 ~]# mkdir /iso
[root@Linux7-1 ~]# mount /dev/cdrom /iso
```

　　（2）制作用于安装的 yum 源文件。

```
[root@Linux7-1 ~]# vim /etc/yum.repos.d/dvd.repo
```

　　（3）使用 yum 命令查看 DHCP 软件包的信息。

```
[root@Linux7-1 ~]# yum info dhcp
```

　　（4）使用 yum 命令安装 DHCP 服务程序。

```
[root@Linux7-1 ~]# yum clean all      //安装前先清除缓存
[root@Linux7-1 ~]# yum -y install dhcp
```

　　软件包安装完成后，可以使用 rpm 命令再一次进行查询。

```
[root@Linux7-1 ~]# rpm -qa | grep dhcp
```

知识 2　DHCP 服务的配置

1. 主配置文件 dhcpd.conf

DHCP 服务的配置文件一般放在/etc/dhcp 目录中，主配置文件名为 dhcpd.conf。

（1）复制样例文件到主配置文件中。

默认主配置文件中没有任何实质内容，打开该文件，发现里面有一句话"see /usr/share /doc/dhcp*/dhcpd.conf.example"。我们以样例文件为例讲解主配置文件。

（2）dhcpd.conf 主配置文件的组成部分。

- parameters（参数）。
- declarations（声明）。
- option（选项）。

（3）dhcpd.conf 主配置文件的整体框架。

```
#全局配置
参数或选项；                    #全局生效
#局部配置
声明 {
      参数或选项；              #局部生效
      }
```

2. 常用参数介绍

dhcpd 服务程序配置文件中的常用参数及其作用如表 8-1 所示。

表 8-1　dhcpd 服务程序配置文件中的常用参数及其作用

参数	作用
ddns-update-style [类型]	定义 DNS 服务动态更新的类型，包括 none（不支持动态更新）、interim（互动更新模式）与 ad-hoc（特殊更新模式）
[allow | ignore] client-updates	允许/忽略客户端更新 DNS 记录
default-lease-time 600	默认超时时间，单位是秒
max-lease-time 7200	最长超时时间，单位是秒
option domain-name-servers　192.168.10.1	定义 DNS 服务器地址
option domain-name "domain.org"	定义 DNS 域名
range 192.168.10.10　192.168.10.100	定义用于分配的 IP 地址池
option subnet-mask 255.255.255.0	定义客户端的子网掩码
option routers 192.168.10.254	定义客户端的网关地址
broadcast-address 192.168.10.255	定义客户端的广播地址
ntp-server　192.168.10.1	定义客户端的网络时间服务器
nis-servers　192.168.10.1	定义客户端的 NIS 域服务器的地址
Hardware　00:0c:29:03:34:02	指定网卡接口的类型与 MAC 地址
server-name　mydhcp.smile.com	通知 DHCP 客户端 DHCP 服务器的主机名
fixed-address　192.168.10.105	将某个固定的 IP 地址分配给指定主机
time-offset [偏移误差]	指定客户端与格林尼治时间的偏移差

3. 常用声明介绍

```
声明 {
        选项或参数；
            }
```

"subnet　网络号　netmask　子网掩码　{...}"的作用是定义作用域，指定子网。

```
subnet  192.168.10.0   netmask   255.255.255.0 {
                          …
                                              }
```

"range dynamic-bootp　起始 IP 地址　结束 IP 地址"的作用是指定动态 IP 地址的范围。

```
range dynamic-bootp  192.168.10.7   192.168.10.150
```

4. 常用选项介绍

选项内容都是从 option 关键字开始的。

（1）option routers　IP 地址。

作用：为客户端指定默认网关。

```
option routers   192.168.10.254
```

（2）option subnet-mask　子网掩码。

作用：设置客户端的子网掩码。

```
option subnet-mask   255.255.255.0
```

（3）option domain-name-servers　IP 地址。

作用：为客户端指定 DNS 服务器地址。

```
option  domain-name-servers   192.168.10.4
```

注意：（1）、（2）、（3）可以用在全局配置中，也可以用在局部配置中。

5. IP 地址绑定

DHCP 中的 IP 地址绑定用于给客户端分配固定 IP 地址。

（1）host 主机名　{...}。

作用：用于定义保留地址。

```
host  Linux7-2
```

注意：（1）通常搭配 subnet 声明使用。

（2）hardware 类型硬件地址。

作用：定义网络接口类型和硬件地址。常用类型为以太网（Ethernet），地址为 MAC 地址。

```
hardware  ethernet  3a:b5:cd:32:65:12
```

（3）fixed-address　IP 地址。

作用：定义 DHCP 客户端指定的 IP 地址。

```
fixed-address  192.168.10.5
```

注意：（2）、（3）只能应用于 host 声明中。

6. 租约数据库文件

在 DHCP 服务刚安装好时，租约数据库文件 dhcpd.leases 是一个空文件。

当 DHCP 服务正常运行时就可以查看租约数据库文件的内容了，具体命令如下。

```
cat  /var/lib/dhcpd/dhcpd.leases
```

知识 3　启动 DHCP 服务

主配置文件修改完成后，需要启动/重启 DHCP 服务，具体命令如下。

```
[root@test ~]# systemctl status dhcpd      //查看 DHCP 服务启动状态
[root@test ~]# systemctl start dhcpd       //启动 DHCP 服务
[root@test ~]# systemctl stop dhcpd        //停止 DHCP 服务
[root@test ~]# systemctl restart dhcpd     //重启 DHCP 服务
[root@test ~]# systemctl enable dhcpd      //自启动 DHCP 服务
```

任务拓展

假设企业 DHCP 服务器（Linux7-1）的 IP 地址为 192.168.10.3，DNS 服务器（Linux7-2）的域名为 dns.bigdata.com，IP 地址为 192.168.10.4，Web 服务器（Linux7-3）的 IP 地址为 192.168.10.5，Samba 服务器（Linux7-4）的 IP 地址为 192.168.10.6，网关地址为 192.168.10.2。地址范围为 192.168.10.7~192.168.10.150，了网掩码为 255.255.255.0。请根据任务要求安装与配置 DHCP 服务器。

任务三　DHCP 客户端的配置

任务要求

知识要求：掌握 Linux 操作系统和 Windows 操作系统中 DHCP 客户端的配置与测试方法。

实施要求：根据要求通过 Linux 操作系统和 Windows 操作系统，对 DHCP 客户端进行测试。

技能要求：具备在 Linux 操作系统和 Windows 操作系统中进行 DHCP 客户端配置与测试的技能。

任务实施

（1）课前，教师发布任务书，学生根据任务书查阅相关资料，根据任务要求初步完成 Linux 操作系统和 Windows 操作系统中 DHCP 客户端的配置与测试。

（2）课中，教师对学生的任务完成情况进行评讲。

（3）课后，学生根据教师评讲巩固学习，熟练掌握 Linux 操作系统和 Windows 操作系统中 DHCP 客户端的配置与测试方法。

任务知识

知识 1　Linux 操作系统中 DHCP 客户端的配置

DHCP 服务器配置实例

1. 在 Client1 客户端中进行测试

（1）关闭 VMnet8 和 VMnet1 的 DHCP 服务功能。在 VMWare Workstation 主窗口中，选择"编辑"→"虚拟网络编辑器"命令，打开"虚拟网络编辑器"对话框，在列表框中选择 VMnet1 或 VMnet8，不使用本地 DHCP 服务给虚拟机分配 IP 地址，如图 8-2 所示。

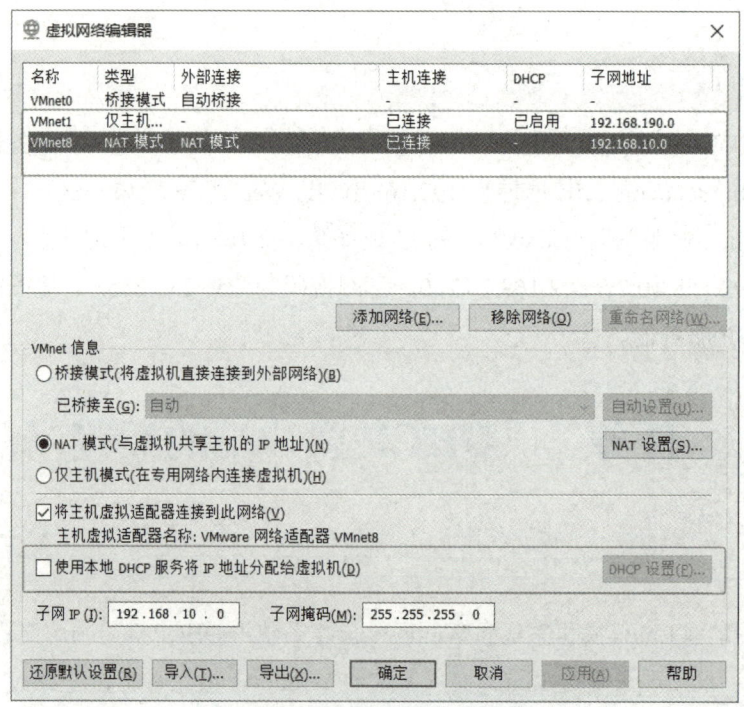

图 8-2　"虚拟网络编辑器"对话框

（2）以 root 用户身份登录 Client1 客户端，依次单击"Applications"→"System Tools"→"Settings"→"Network"按钮，打开"Network"对话框，如图 8-3 所示。

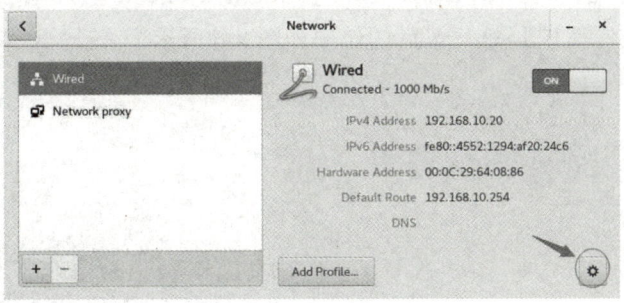

图 8-3　"Network"对话框

（3）单击图 8-3 中的"齿轮"按钮，在弹出的"Wired"对话框中选择"IPv4"选项，并将"Addresses"选项设置为"Automatic（DHCP）"，单击"Apply"按钮，如图 8-4 所示。

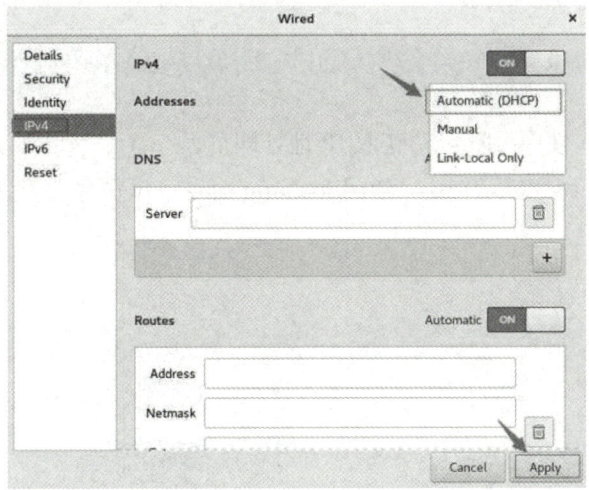

图 8-4　设置 Automatic(DHCP)

（4）在"Network"对话框中先切换为"OFF"关闭 Wired，再切换为"ON"打开 Wired。这时会看到如图 8-5 所示的结果：Client1 客户端成功获取 DHCP 服务器 IP 地址池中的一个 IP 地址。

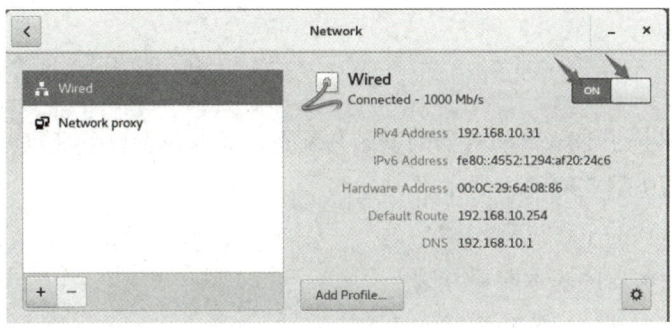

图 8-5　成功获取 IP 地址（1）

2. 在 Client2 客户端中进行测试

同样以 root 用户身份登录 Client2 客户端，按照在 Client1 客户端中测试的方法，设置 Client2 客户端自动获取 IP 地址，最后的结果如图 8-6 所示。

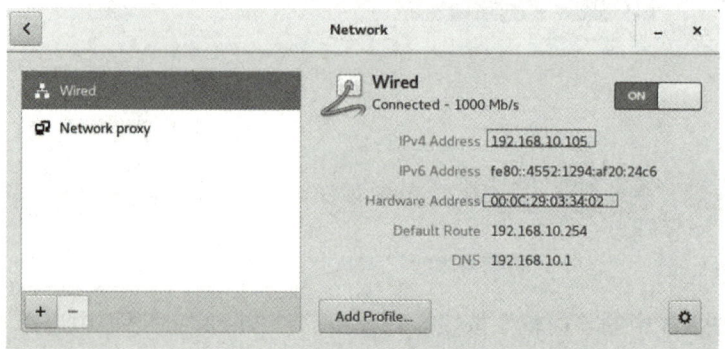

图 8-6 成功获取 IP 地址（2）

知识 2 Windows 操作系统中 DHCP 客户端的配置

（1）在 TCP/IP 属性中设置自动获取 IP 地址即可。

（2）在 Windows 命令提示符中，使用 ipconfig 命令可以在释放 IP 地址后，重新获取 IP 地址。相关命令如下。

释放 IP 地址：

```
ipconfig  /release
```

重新获取 IP 地址：

```
ipconfig  /renew
```

任务拓展

在 Linux 客户端（Linux7-2～Linux7-5）和 Windows 客户端中测试 DHCP 服务器 IP 地址的自动分配。

项目小结

本项目主要讲解了 DHCP 服务器的安装与配置，具体包含以下几点。

（1）DHCP 服务器在网络中的作用。

（2）DHCP 服务的工作过程。

（3）DHCP 服务器的基本配置方法。

（4）DHCP 客户端的配置和测试方法。

提升练习

（1）DHCP 服务器在网络中的作用有哪些？请简述 DHCP 服务的工作过程。

（2）某企业计划构建一台 DHCP 服务器来解决 IP 地址动态分配的问题，要求能够分配 IP 地址、网关、DNS 等其他网络属性信息。同时，要求 DHCP 服务器为 DNS、Web、Samba、FTP 服务器分配固定 IP 地址。

假设企业 DHCP 服务器（Server1）的 IP 地址为 192.168.10.6，DNS 服务器（Client1）的域名为 dns.bigdata.com，IP 地址为 192.168.10.7，Web 服务器（Client2）的 IP 地址为 192.168.10.8，Samba 服务器（Client3）的 IP 地址为 192.168.10.9，FTP 服务器（Client4）的 IP 地址为 192.168.10.10，网关地址为 192.168.10.2，地址范围为 192.168.10.100～192.168.10.200，子网掩码为 255.255.255.0。

项目九　安装与配置 Samba 服务器

任务一　认识 Samba

任务要求

知识要求：了解 Samba 服务在网络中的作用，理解 Samba 服务的工作过程。

实施要求：使用 Samba 服务器进行配置。

技术要求：具备使用 Samba 服务器完成共享文件的技能。

任务实施

（1）课前，教师发布任务书，要求学生使用 Samba 服务器完成共享文件；学生根据任务书在线学习相关知识，完成本地 Samba 服务器的基本配置。

（2）课中，教师对学生的课前任务完成情况进行评讲。

（3）课后，学生根据教师评讲理解 Samba 服务的工作过程，完善本地 Samba 服务器对 Linux 操作系统与 Windows 操作系统中的文件和打印机共享。

任务知识

知识 1　Samba 简介

1. Samba 应用环境

文件和打印机共享：这是 Samba 的主要功能，通过 SMB 进程实现资源共享，将文件和打印机发布到网络中，以供用户访问。

身份验证和权限设置：smbd 服务支持 user mode、domain mode 等身份验证和权限设置模式，通过加密方式可以保护共享的文件和打印机。

名称解析：Samba 通过 nmbd 服务可以搭建 NBNS 服务器，提供名称解析，将计算机的 NetBIOS 名解析为 IP 地址。

浏览服务：在局域网中，Samba 服务器可以成为本地主浏览服务器，显示共享目录、打印机等资源。

2. Samba 相关进程

Samba 服务是由两个进程组成的，分别是 nmbd 和 smbd。

- nmbd：其功能是进行 NetBIOS 名解析，并提供浏览服务，显示网络上的共享资源列表。
- smbd：其主要功能是管理 Samba 服务器中的共享目录、打印机等，主要是针对网络上的共享资源进行管理的服务。

知识 2　Samba 服务的工作过程

Samba 服务功能强大，这与其通信基于 SMB 协议有关。SMB 协议不仅提供目录和打印机共享，还支持认证、权限设置。早期，SMB 协议运行于 NBT 协议（NetBIOS over TCP/IP）之上，使用 UDP 的 137、138 端口及 TCP 的 139 端口，后期 SMB 协议经过开发，可以直接运行于 TCP/IP 之上，没有额外的 NBT 层，使用 TCP 的 445 端口。

当客户端访问服务器时，信息通过 SMB 协议进行传输，其工作过程可以分成 4 个步骤，分别如图 9-1、图 9-2、图 9-3 和图 9-4 所示。

（1）协议协商。

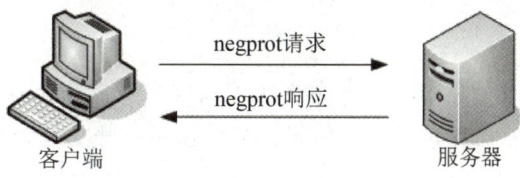

图 9-1　协议协商

（2）建立连接。

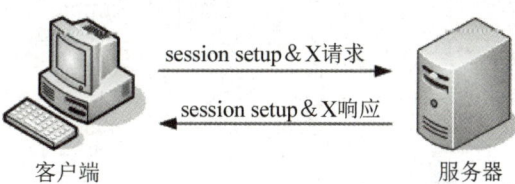

图 9-2　建立连接

（3）访问共享资源。

图 9-3　访问共享资源

（4）断开连接。

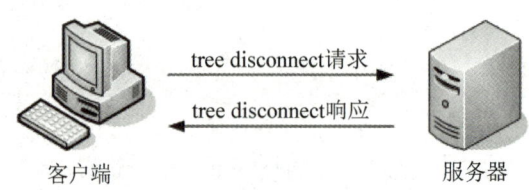

客户端   服务器

图 9-4   断开连接

任务二　Samba 服务的安装与配置

任务要求

　　知识要求：掌握 Samba 服务的安装步骤；掌握 Samba 服务配置文件的修改步骤；掌握 Samba 服务的启动、停止、自启动操作命令。

　　实施要求：根据要求在虚拟机服务器中安装 Samba 服务程序，以及启动、停止和自启动 Samba 服务；配置 Samba 服务器。

　　技术要求：具备安装 Samba 服务程序，以及启动、停止和自启动 Samba 服务的技能；具备配置 Samba 服务器共享服务的能力。

任务实施

　　（1）课前，教师发布任务书，要求学生在虚拟机中安装 Samba 服务程序、配置 Samba 服务器；学生根据任务书在线学习相关知识，完成 Samba 服务程序的安装和 Samba 服务器的配置。

　　（2）课中，教师对学生的课前任务完成情况进行评讲。

　　（3）课后，学生根据教师评讲巩固学习，熟练掌握 Samba 服务器的安装与配置方法。

任务知识

知识 1　Samba 服务的安装

安装、启动 Samba 服务

　　在服务器 Linux7-1 中安装 Samba 服务程序。

　　检测系统中是否已经安装了 Samba 的相关软件。

```
[root@Linux7-1 ~]# rpm -qa | grep samba
```

　　如果系统还没有安装 Samba 软件包，则可以在网络畅通的前提下使用 yum 命令安装所需软件包。

```
[root@Linux7-1 ~]# yum clean all  #安装前先清除缓存
[root@Linux7-1 ~]# yum  install  samba  -y
```

所有软件包安装完成后，可以使用 rpm 命令再一次进行查询。

```
[root@Linux7-1 ~]# rpm -qa | grep samba
samba-libs-4.10.16-20.el7_9.x86_64
samba-common-libs-4.10.16-20.el7_9.x86_64
samba-4.10.16-20.el7_9.x86_64
samba-client-libs-4.10.16-20.el7_9.x86_64
samba-common-4.10.16-20.el7_9.noarch
samba-common-tools-4.10.16-20.el7_9.x86_64
```

启动与停止 Samba 服务，设置开机启动。

```
[root@Linux7-1 ~]# systemctl start smb      #启动 Samba 服务
[root@Linux7-1 ~]# systemctl enable smb     #自启动 Samba 服务
[root@Linux7-1 ~]# systemctl restart smb    #重启 Samba 服务
[root@Linux7-1 ~]# systemctl stop smb       #停止 Samba 服务
```

知识 2　Samba 服务的配置

1. 主配置文件 smb.conf

Samba 服务的配置文件一般放在/etc/samba 目录中，主配置文件为 smb.conf。

（1）Samba 服务程序中的参数及其作用。

CentOS 7 的 smb.conf 配置文件已经被简化，只有 36 行左右。主配置文件参数如表 9-1所示。

表 9-1　主配置文件参数

[global]	参数	作用
	workgroup=MYGROUP	工作组名，如 workgroup=SmileGroup
	server string=Samba Server Version %v	服务器描述，参数%v 为 SMB 版本号
	log file=/var/log/samba/log. %m	定义日志文件的存放位置与名称，参数%m 为来访的主机名
	max log size=50	定义日志文件的最大容量为 50KB
	security=user	安全验证的方式，总共有 4 种，如 security=user
	• share：来访主机无须验证口令；比较方便，但安全性很差。 • user：需验证来访主机提供的密码后才可以访问，增强了安全性；系统默认方式。 • server：使用独立的远程主机验证来访主机提供的密码（集中管理账户） • domain：使用域控制器进行身份验证	

续表

[global]	参数	作用
	passdb backend=tdbsam	定义用户后台的类型，共有 3 种
	• smbpasswd：使用 smbpasswd 命令为系统用户设置 Samba 服务程序的密码。 • tdbsam：创建数据库文件并使用 pdbedit 命令建立 Samba 服务程序的用户。 • ldapsam：基于 LDAP 服务进行账户验证	
	load printers=yes	设置在 Samba 服务启动时是否共享打印机设备
	cups options=raw	打印机的选项
[homes]		共享参数
	comment=Home Directories	描述信息
	browseable=no	指定共享信息是否在"网上邻居"中可见
	writable=yes	定义是否可以执行写入操作，与"read only"相反
[printers]		打印机共享参数

注意：[homes]为特殊共享目录，表示用户主目录。[printers]表示共享打印机。

温馨提示：为了方便配置，建议先备份 smb.conf 配置文件，一旦发现错误可以随时从备份文件中恢复主配置文件，具体操作如下。

```
[root@Linux7-1 ~]# cd /etc/samba
[root@Linux7-1 samba]# ls
[root@Linux7-1 samba]# cp smb.conf  smb.conf.bak
```

2. Share Definitions 共享服务的定义

先来看几个常用的字段。

（1）设置共享名。

共享名的设置方法非常简单，其格式如下。

```
[共享名]
```

（2）共享资源描述，其格式如下。

```
comment = 备注信息
```

（3）共享路径，其格式如下。

```
path = 绝对地址路径
```

（4）设置匿名访问。

设置是否允许对共享资源进行匿名访问，可以更改 public 字段，其格式如下。

```
public = yes      #允许匿名访问
public = no       #禁止匿名访问
```

【例 9-1】Samba 服务器中有一个/share 目录，需要发布该目录成为共享目录，并设置共享名为 public。要求：允许浏览、允许只读、允许匿名访问。

```
[public]
comment = public
path = /share
browseable = yes
read only = yes
public = yes
```

（5）设置访问用户。

如果共享资源存在重要数据，则需要对访问用户进行审核，我们可以使用 valid users 字段进行设置，其格式如下。

```
valid users = 用户名
valid users = @组名
```

【例 9-2】Samba 服务器的/share/tech 目录中存放着公司技术部的数据，只允许技术部员工和经理访问，技术部账户为 tech，经理账户为 manager。

```
[tech]
      comment=tech
      path=/share/tech
      valid users=@tech,manager
```

（6）设置目录只读。

共享目录如果限制用户的读写操作，则我们可以通过 read only 字段实现，其格式如下。

```
read only = yes      #只读
read only = no       #读写
```

（7）设置过滤主机。

```
hosts allow = 192.168.10.0   server.abc.com
```

上述程序表示允许来自 192.168.10.0 网络或 server.abc.com 的访问者访问 Samba 服务器资源。

```
hosts deny = 192.168.2.0
```

上述程序表示不允许来自 192.168.2.0 网络的主机的访问者访问当前 Samba 服务器资源。

【例 9-3】Samba 服务器的公共目录/public 中存放着大量共享数据，为了保证目录安全，仅允许 192.168.10.10 网络的主机访问，并且只允许读取，禁止写入。

```
[public]
      comment=public
      path=/public
```

```
        public=yes
        read only=yes
        hosts allow = 192.168.10.10
```

（8）设置目录可写。

writable 格式如下。

```
writable = yes        #读写
writable = no         #只读
```

write list 格式如下。

```
write list = 用户名
write list = @组名
```

3. Samba 服务的日志文件和密码文件

（1）Samba 服务的日志文件。

在/etc/samba/smb.conf 文件中，log file 为设置 Samba 日志的字段。

```
log file = /var/log/samba/log.%m
```

Samba 服务的日志文件默认存放在/var/log/samba 中，其中，Samba 会为每个连接到 Samba 服务器的计算机分别建立日志文件。使用 ls -a /var/log/samba 命令查看日志中的所有文件。

（2）Samba 服务的密码文件。

在 Samba 服务中添加账户的命令为 smbpasswd，其格式如下。

```
smbpasswd  -a  用户名
```

任务拓展

公司现有一个工作组 SAMBA，需要添加 Samba 服务器作为文件服务器，并发布共享目录/share，共享名为 public，此共享目录允许所有员工访问。设置匿名访问，public=yes。在 Samba 服务器的/share 目录中存放共享文件，设置/share 目录为 nobody 权限，以便所有员工下载或上传共享文件。

任务三　Samba 客户端的配置

任务要求

知识要求：掌握 Linux 操作系统和 Windows 操作系统中 Samba 客户端的配置与测试方法。

实施要求：根据任务要求通过 Linux 操作系统和 Windows 操作系统中的 Samba 客户端

进行测试。

技能要求：具备在 Linux 操作系统和 Windows 操作系统中进行 Samba 客户端配置与测试的技能。

任务实施

（1）课前，教师发布任务书，学生根据任务书查阅相关资料，根据任务要求初步完成 Linux 操作系统和 Windows 操作系统中 Samba 客户端的配置与测试。

（2）课中，教师对学生的任务完成情况进行评讲。

（3）课后，学生根据教师评讲巩固学习，熟练掌握 Linux 操作系统和 Windows 操作系统中 Samba 客户端的配置与测试方法。

任务知识

知识 1 Windows 客户端访问 Samba 共享

Samba 服务器配置实例

（1）依次选择"开始"→"运行"命令，打开 Windows"运行"窗口，使用 UNC 路径直接进行访问，如\\192.168.10.10，如图 9-5 所示。

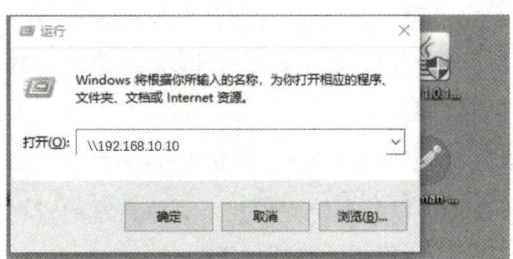

图 9-5 Windows"运行"窗口

打开"Windows 安全中心"对话框，输入"sale1"账户或"sale2"账户及其密码，如图 9-6 所示。

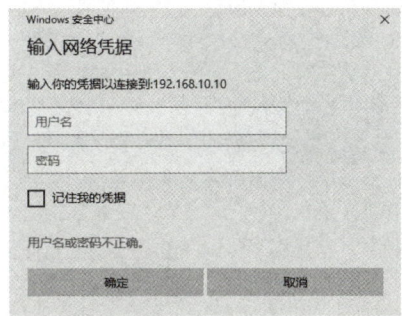

图 9-6 输入账户及其密码

登录后可以正常访问。项目参数如表 9-2 所示。

表 9-2　项目参数

	操作系统	IP 地址	网络连接方式
Samba 共享服务器：Linux7-1	Linux 7	192.168.10.10	VMnet1
Linux 客户端：Linux7-2	Linux 7	192.168.10.20	VMnet1
Windows 客户端：Win7-1	Windows 7	192.168.10.30	VMnet1

知识 2　Linux 客户端访问 Samba 共享

（1）在 Linux 客户端（IP 地址：192.168.10.20）中安装 samba-client 和 cifs-utils。

```
[root@Linux7-1 ~]# yum clean all
[root@Linux7-1 ~]# yum -y install samba-client cifs-utils
```

（2）Linux 客户端使用 smbclient 命令访问服务器。

① 使用 smbclient 命令可以列出目标主机共享目录列表。smbclient 命令的格式如下。

```
smbclient -L 目标IP地址或主机名 -U 登录用户名%密码
```

当查看 Linux7-1（192.168.10.10）主机的共享目录列表时，会提示用户输入密码，这时可以不输入密码，而直接按 "Enter" 键，这样表示匿名登录，并会显示匿名用户可以看到的共享目录列表。

```
[root@Linux7-2 ~]# smbclient -L 192.168.10.10
```

如果想使用 Samba 账户查看 Samba 服务器共享的目录，则可以使用-U 选项，后面跟上 "登录用户名%密码"。下面的命令用于显示只有 sale2 账户（其密码为 12345678）才有权限浏览和访问的 sales 共享目录。

```
[root@Linux7-2 ~]# smbclient -L 192.168.10.10 -U sale2%12345678
```

② 使用 smbclient 命令还可以共享访问模式，浏览共享的资料。

使用 smbclient 命令共享访问模式的格式如下。

```
smbclient //目标IP地址或主机名/共享目录 -U 用户名%密码
```

运行下面的命令后，将进入交互式界面。

```
[root@Linux7-2 ~]# smbclient //192.168.10.10 -U sale2%12345678

smb: \> ls
  .                    D        0   Wed Oct 19 14:00:41 2022
  ..                   D        0   Wed Oct 19 10:22:09 2022
  test.txt             N       18   Wed Oct 19 14:00:41 2022
      17811456 blocks of size 1024. 12982124 blocks available
```

任务拓展

在 Linux 客户端（Linux7-2～Linux7-5）和 Windows 客户端中测试 Samba 服务器。

项目小结

本项目主要讲解了 Samba 服务器的安装与配置，具体包含以下几点。

（1）Samba 服务器在网络中的作用。

（2）Samba 服务的工作过程。

（3）Samba 服务器的基本配置方法。

（4）Samba 客户端的配置和测试方法。

提升练习

（1）简述 Samba 服务的工作过程。

（2）简述搭建 Samba 服务的主要步骤。

（3）公司需要配置一台 Samba 服务器，工作组名为 group，共享目录为/share，共享名为 public，共享目录允许 192.168.10.0/24 访问，请完成服务器的配置。

项目十　安装与配置 DNS 服务器

任务一　DNS 服务器的工作原理

任务要求

知识要求：了解域名空间的概念，理解 DNS 服务器的工作原理。

实施要求：能够区分顶级域名、二级域名。

技术要求：具备判断域名的能力。

任务实施

（1）课前，教师发布任务书，要求学生判断顶级域名和常用的二级域名，同时判断域名的好坏。学生根据任务书在线学习相关知识，掌握判断域名的方法。

（2）课中，教师对学生的课前任务完成情况进行评讲。

（3）课后，学生根据教师评讲巩固学习，理解 DNS 服务器的工作原理，熟练掌握判断域名的方法。

任务知识

知识 1　认识域名空间

DNS 数据库的结构（被称为域名空间）如同一棵倒过来的树，并进行了层次划分，它的根（root）位于顶部，如图 10-1 所示。

在域名空间中，树的最大深度不得超过 127 层，树中每个节点最多可以存储 63 个字符。

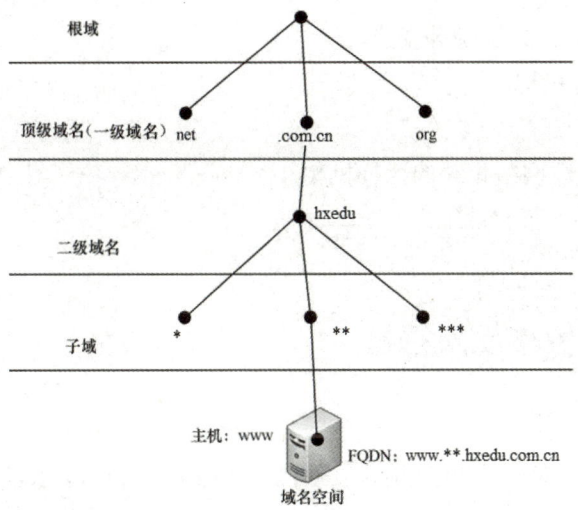

图 10-1　域名空间

对域名空间整体进行划分，从顶层到底层可以分成：根域、顶级域名（一级域名）、二级域名、子域。

（1）顶级域名。

常见的顶级域名有两类。

① 国家顶级域名。例如，cn 表示中国，uk 表示英国。

② 通用的顶级域名。

- com：商业机构。
- edu：教育机构。
- net：网络管理机构。
- org：社会团体。
- gov：政府部门。

由于 Internet 上的用户急剧增加，因此现在又增加了 7 个通用的顶级域名。

- firm：表示公司、企业。
- shop：表示销售公司和企业。
- web：表示突出万维网络活动的单位。
- arts：表示突出文化、娱乐活动的单位。
- rec：表示突出消遣、娱乐活动的单位。
- info：表示提供信息服务的单位。
- now：表示个人。

（2）二级域名。

在国家顶级域名下注册的二级域名均由该国家自行确定。我国将二级域名划分为类别域名和行政区域名两类。

① 类别域名。

- ac：表示科研机构。

- com：表示工、商、金融等企业。
- edu：表示教育机构。
- gov：表示政府部门。
- net：表示与互联网络相关的运行机构。
- org：表示各种非营利性组织。

②行政区域名。

知识 2　正向解析与反向解析

1. 域名的正向解析

将主机域名转换为对应的 IP 地址，以便网络（服务）程序能够通过主机域名访问对应的服务器主机。

2. 域名的反向解析

将主机的 IP 地址转换为对应的域名，以便网络（服务）程序能够通过 IP 地址查询主机域名。

知识 3　递归查询与迭代查询

1. 递归查询

当 DNS 服务器不能直接得到解析结果时，将代替提出请求的客户机（或下级 DNS 服务器）进行域名查询，最终将查询结果返回给客户机。在递归查询期间，客户机处于等待状态。

2. 迭代查询

迭代查询又称重指引。当 DNS 服务器不能直接得到解析结果时，将返回另一个查询点的地址。客户机按照提示的指引依次查询。

知识 4　DNS 域名解析过程

假设客户端已配置了本地 DNS 服务器的相关信息，且使用 www.hxedu.com.cn 域名访问网站，现在需要将 www.hxedu.com.cn 域名解析为 IP 地址。DNS 域名解析过程如图 10-2 所示。

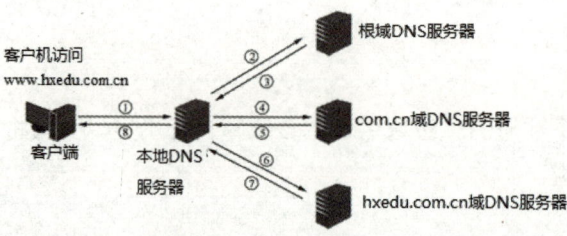

图 10-2　DNS 域名解析过程

具体解析过程如下。

① 客户端向本地 DNS 服务器发送解析 www.hxedu.com.cn 域名的请求。

② 本地 DNS 服务器无法解析此域名，它先向根域 DNS 服务器发出请求，查询 com.cn 的 DNS 地址。

③ 根域 DNS 服务器用于管理 com、org、net 等顶级域名的地址解析，它收到请求后，把解析结果返回给本地 DNS 服务器。

④ 本地 DNS 服务器得到查询结果后，接着向管理 com.cn 域的 DNS 服务器发出进一步的查询请求，请求获取 hxedu.com.cn 的 DNS 地址。

⑤ com.cn 域 DNS 服务器把解析结果返回给本地 DNS 服务器。

⑥ 本地 DNS 服务器得到查询结果后，接着向管理 hxedu.com.cn 域的 DNS 服务器发出请求，请求查询 www.hxedu.com.cn 域名对应的 IP 地址。

⑦ hxedu.com.cn 域 DNS 服务器把解析结果返回给本地 DNS 服务器。

⑧ 本地 DNS 服务器将域名解析结果返回给客户端，使客户端能够访问网站。

知识 5 DNS 服务器的分类

DNS 服务器分为如下 4 类。

1. 主 DNS 服务器

主 DNS 服务器负责维护所管辖域的域名服务信息，是特定域所有信息的权威性信息源。对于某个指定域，主 DNS 服务器是唯一的，主 DNS 服务器中保存了指定域的区域文件。

2. 辅助 DNS 服务器

辅助 DNS 服务器用于分担主 DNS 服务器的查询负载。不进行特定域信息（区域文件）的权威设置，而是从该域的主 DNS 服务器中获取相应的文件并进行保存。

3. 转发 DNS 服务器

转发 DNS 服务器可以向其他 DNS 服务器转发解析请求。在 DNS 服务器收到客户端的解析请求后，首先会尝试从其本地数据库中查找。如果未能找到，则需要向其他指定的 DNS 服务器转发解析请求。目前网络中所有的 DNS 服务器均被配置为转发 DNS 服务器，向指定的其他 DNS 服务器或根域 DNS 服务器转发无法完成的解析请求。

4. 唯高速缓存 DNS 服务器

唯高速缓存 DNS 服务器供本地网络上的客户机进行域名转换，主要功能是提供域名解析的缓存。

任务二　DNS 服务的安装与配置

任务要求

知识要求：掌握 DNS 服务的安装步骤；掌握 DNS 服务配置文件的修改方法；掌握 DNS 服务的启动、停止、自启动操作命令。

实施要求：根据要求在虚拟机服务器中安装 DNS 服务程序，以及启动、停止、自启动 DNS 服务；配置 DNS 服务器进行域名的解析。

技术要求：具备安装 DNS 服务程序，以及启动、停止、自启动 DNS 服务的技能；掌握配置 DNS 服务器进行域名解析的方法。

任务实施

（1）课前，教师发布任务书，要求学生在虚拟机中安装 DNS 服务程序、配置 DNS 服务器。学生根据任务书在线学习相关知识，完成 DNS 服务程序的安装和 DNS 服务器的配置。

（2）课中，教师对学生的课前任务完成情况进行评讲。

（3）课后，学生根据教师评讲巩固学习，熟练掌握 DNS 服务器的安装与配置方法。

任务知识

知识 1　DNS 服务的安装

安装、启动 DNS 服务

通常使用 BIND 在 Linux 操作系统中架设 DNS 服务器，其守护进程是 named。

BIND（Berkeley Internet Name Domain）是一款开源的 DNS 服务器软件，使用 BIND 搭建的 DNS 服务器一般被称为 BIND 服务器。

1. 安装 BIND 软件包

（1）检测系统是否安装了 BIND 的相关软件。

```
[root@Linux7-1 ~]# rpm -qa | grep bind
```

（2）如果系统还没有安装 BIND 软件包，则使用 yum 命令安装。

```
[root@Linux7-1 ~]# yum clean all
[root@Linux7-1 ~]# yum install bind bind-chroot bind-utils -y
```

（3）所有软件包安装完成后，可以使用 rpm 命令再一次进行查询。

```
[root@Linux7-1 ~]# rpm -qa | grep bind
```

2. 启动与停止 BIND 服务，设置开机启动

BIND 的后台守护进程是 named，在启动和停止 DNS 服务时要以 named 作为参数，DNS
服务的启停命令如下。

```
[root@Linux7-1 ~]# systemctl status named    #查看 DNS 服务状态
[root@Linux7-1 ~]# systemctl start named     #启动 DNS 服务
[root@Linux7-1 ~]# systemctl stop named      #停止 DNS 服务
[root@Linux7-1 ~]# systemctl restart named   #重启 DNS 服务
[root@Linux7-1 ~]# systemctl enable named    #自启动 DNS 服务
```

知识 2　DNS 配置文件

DNS 配置文件分为主配置文件、区域配置文件和正/反向解析区域声明文件。

1. 主配置文件

DNS 主配置文件 named.conf 位于/etc 目录中，解析如下。

```
options {                                        #选项
    listen-on port 53 { 127.0.0.1; };            #指定 BIND 侦听的 DNS 查询
#请求的本机 IP 地址及端口
    listen-on-v6 port 53 { ::1; };               #服务监听端口为 53（IPv6）
    directory "/var/named";                      #指定区域配置文件存放的目录
    dump-file "/var/named/data/cache_dump.db";
    statistics-file "/var/named/data/named_stats.txt";
    memstatistics-file "/var/named/data/named_mem_stats.txt";
    allow-query { localhost; };                  #指定接收 DNS 查询请求的客户端
    recursion yes;                               #递归查找
    dnssec-enable yes;                           #DNS 加密
    dnssec-validation yes;                       #改为 no，可忽略 SELinux 的影响
    dnssec-lookaside auto;
    /* Path to ISC DLV key */
    bindkeys-file "/etc/named.iscdlv.key";
};
logging {                                        #日志
    channel default_debug {
        file "data/named.run";                   #运行状态文件
        severity dynamic;                        #静态服务器地址（根域）
  };
};
zone "." IN {                                    #根域解析，一般不能动
    type hint;
    file "named.ca";                             #根域配置文件
};
include "/etc/named.rfc1912.zones";              #指定区域配置文件
#一定要根据实际情况修改
```

2. 区域配置文件

DNS 区域配置文件位于/etc 目录中，区域配置文件名为 named.rfc1912.zones，解析如下。

```
zone "localhost.localdomain" IN {          #本地主机全名解析
    type master;                           #类型为主域
    file "named.localhost";                #指定正向查询域配置文件
# (文件存放在/var/named 目录中)
    allow-update { none; };                #不允许客户端更新
};

zone "localhost" IN {                      #本地主机名解析
    type master;
    file "named.localhost";
    allow-update { none; };
};

zone "1.0.0.0.0.0.0.0.0.0.0.0.0.0.0.0..0.0.0.0.ip6.arpa" IN {
#IPv6 本地地址反向解析
type master;
    file "named.loopback";
    allow-update { none; };
};
zone "1.0.0.127.in-addr.arpa" IN {         #本地地址反向解析
    type master;
    file "named.loopback";
    allow-update { none; };
};
zone "0.in-addr.arpa." IN {                #本地全网地址反向解析
    type master;
    file "named.empty";
    allow-update { none; };
};
```

3. 正/反向解析区域声明文件

（1）正向解析区域声明文件。

正向解析区域声明文件（样本文件/var/named/named.localhost）的格式如下。

```
$TTL 1D
@    IN SOA    @    rname.invalid. (
                              0; serial
                              1D; refresh
                              1H; retry
                              1W; expire
                              3H); minimum
     NS           @
```

```
        A       127.0.0.1
        AAAA    ::1
```

- $TTL 1D：更新时间最长为 1 天。
- @（左 1）：当前域，即在 named.conf 中 zone 语句定义的域。
- IN：Internet 类。
- SOA：Start of Authority，起始授权。
- @（左 2）：DNS 主机名。
- rname.invalid.：管理员的电子邮箱地址为 rname@invalid。
- serial：版本号。
- refresh：辅助 DNS 服务器刷新时间为 1 天。
- retry：辅助 DNS 服务器重新检测时间为 1 小时。
- expire：辅助 DNS 服务器过期时间。
- minimum：记录在缓存中最短生存时间为 3 小时。
- NS：DNS 服务器。
- @（NS 后面的）：DNS 服务器名称。
- A：正向解析。
- AAAA：IPv6 正向解析。

（2）反向解析区域声明文件。

反向解析区域声明文件（样本文件/var/named/named.loopback）的格式如下。

```
$TTL 1D
@   IN SOA   @     rname.invalid. (
                              0; serial
                              1D; refresh
                              1H; retry
                              1W; expire
                              3H ); minimum
    NS      @
    A       127.0.0.1
    AAAA    ::1
    PTR localhost.
```

PTR：反向解析。

任务三　配置主 DNS 服务器

任务要求

知识要求：掌握在 Linux 操作系统中配置主 DNS 服务器的方法。

实施要求：根据要求通过虚拟机在 Linux 操作系统中配置主服务器，实现域名的解析。

技能要求：具备在 Linux 操作系统中配置主 DNS 服务器进行解析域名的技能。

任务实施

（1）课前，教师发布任务书，要求学生根据任务书查阅相关资料，并根据知识初步完成 Linux 操作系统中主 DNS 服务器的配置，实现域名的解析。

（2）课中，教师对学生的任务完成情况进行评讲。

（3）课后，学生根据教师评讲巩固学习，熟练掌握在 Linux 操作系统中配置 DNS 主服务器及解析域名的方法。

任务知识

DNS 主服务器配置实例

知识 1　配置主 DNS 服务器实例

1. 项目背景

学院校园网要架设一台 DNS 服务器，负责 czbigdata.com 域的域名解析工作。DNS 服务器的 FQDN（全限定域名）为 dns.czbigdata.com，IP 地址为 192.168.10.4。要求为以下域名实现正/反向域名解析服务。

dns.czbigdata.com	192.168.10.4
www.czbigdata.com	192.168.10.5
ftp.czbigdata.com	192.168.10.7
mail.czbigdata.com　　MX 记录	192.168.10.82

2. 项目实施

（1）配置主配置文件。

主配置文件在/etc 目录中，把 options 中的侦听 IP 地址 127.0.0.1 改为"any"，把允许查询网段"allow-query"后面的 localhost 改为"any"，把"dnssec-validation yes"改为"dnssec-validation no"。

```
[root@Linux7-1~]# vim /etc/named.conf
```

具体配置参数如下。

```
options {
        listen-on port 53 { any; };
        listen-on-v6 port 53 { ::1; };
        directory       "/var/named";
        dump-file       "/var/named/data/cache_dump.db";
        statistics-file "/var/named/data/named_stats.txt";
        memstatistics-file "/var/named/data/named_mem_stats.txt";
```

```
        recursing-file  "/var/named/data/named.recursing";
        secroots-file   "/var/named/data/named.secroots";
        allow-query     { any; };
…
        recursion yes;
        dnssec-enable yes;
        dnssec-validation no;
…
include "/etc/named.rfc1912.zones";
include "/etc/named.root.key";
```

（2）配置区域配置文件。

```
[root@Linux7-1~]# vim /etc/named.rfc1912.zones
```

具体配置参数如下。

```
zone "localhost.localdomain" IN {
type master;
file "named.localhost";
allow-update { none; };
};

zone "czbigdata.com" IN {
type master;
file "czbigdata.com.zone";
allow-update { none; };
};

zone
"1.0.0.0.0.0.0.0.0.0.0.0.0.0.0.0.0.0.0.0.0.0.0.0.0.0.0.0.0.0.0.0.ip6.arpa"
IN {
type master;
file "named.loopback";
allow-update { none; };
};

zone "10.168.192.in-addr.arpa" IN {
type master;
file "10.168.192.zone";
allow-update { none; };
};

zone "0.in-addr.arpa" IN {
type master;
file "named.empty";
```

```
allow-update { none; };
};
```

（3）修改 BIND 的区域配置文件。

① 创建正向区域配置文件 czbigdata.com.zone，其位于/var/named 目录中。

```
[root@Linux7-1~]# cd /var/named
[root@Linux7-1~]# cp -p named.localhost  czbigdata.com.zone
[root@Linux7-1~]# vim /var/named/czbigdata.com.zone
```

具体配置参数如下。

```
$TTL 1D
@    IN SOA  @   root.czbigdata.com. (
                            0; serial
                            1D; refresh
                            1H; retry
                            1W; expire
                            3H ); minimum
     NS       @
     A        127.0.0.1
     AAAA     ::1
@    IN       NS      dns.czbigdata.com.
@    IN       MX 10   mail.czbigdata.com.
dns  IN       A       192.168.10.4
www  IN       A       192.168.10.5
ftp  IN       A       192.168.10.7
mail IN       A       192.168.10.8
```

② 创建反向区域文件 192.168.10.zone，其位于/var/named 目录中。

```
[root@Linux7-1~]# cp -p named.loopback  192.168.10.zone
[root@Linux7-1~]# vim /var/named/192.168.10.zone
```

具体配置参数如下。

```
$TTL 1D
@    IN SOA   @ root.czbigdata.com. (
                             0; serial
                             1D; refresh
                             1H; retry
                             1W; expire
                             3H ); minimum
     NS       @
     A        127.0.0.1
     AAAA     ::1
     PTR      localhost.
@    IN       NS          dns.czbigdata.com.
```

```
@       IN      MX      10      czbigdata.com.
4       IN      PTR             czbigdata.com.
5       IN      PTR             czbigdata.com.
7       IN      PTR             czbigdata.com.
8       IN      PTR             czbigdata.com.
```

（4）设置主配置文件和区域配置文件的所属组群为 named。

```
[root@Linux7-1~]#chgrp  named  /etc/named.conf  /etc/named.rfc1912.zones
[root@Linux7-1~]#chgrp  named  czbigdata.com.zone  192.168.10.zone
```

（5）禁止 SELinux。

```
[root@Linux7-1~]# setenforce 0
```

（6）让防火墙放行。

```
[root@Linux7-1~]# firewall-cmd  --permanent  --add-service=dns
[root@Linux7-1~]# firewall-cmd  --reload#重新加载防火墙
```

（7）重新加载 DNS 服务，设置开机自启动 DNS 服务。

```
[root@Linux7-1~]#systemctl restart named
[root@Linux7-1~]#systemctl enable named
```

知识 2　配置 DNS 客户端

1. 配置 Windows 客户端

打开"Internet 协议版本 4（TCP/IPv4）属性"对话框，在该对话框的相应文本框中输入首选 DNS 服务器的 IP 地址即可，如图 10-3 所示。

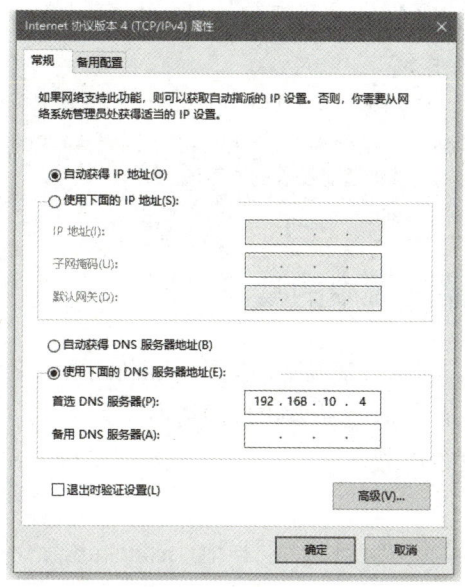

图 10-3　设置首选 DNS 服务器的 IP 地址

2. 配置 Linux 客户端

在 DNS 客户端中：

```
[root@Linux7-2~]#vim /etc/resolv.conf
```

DNS 客户端的配置文件中的参数修改如下。

```
# Generated by NetworkManager
nameserver 192.168.10.3
nameserver 192.168.10.4
search long.com
```

重启网络服务，确保服务器和客户端互相 ping 得通。

知识 3　使用 nslookup 命令测试

BIND 软件包提供了 3 个 DNS 测试工具：nslookup、dig 和 host。其中，dig 和 host 是命令行工具，而 nslookup 命令既可以使用命令行模式，又可以使用交互模式。在测试时，必须保证客户端与服务器的通信畅通。

```
[root@Linux7-2~]# nslookup
> server
Default server: 192.168.10.4
Address: 192.168.10.4#53
> www.czbigdata.com //正向查询，查询 www.czbigdata.com 所对应的 IP 地址
Server:192.168.10.4
Address:192.168.10.4#53

Name:www.czbigdata.com
Address: 192.168.10.5
> 192.168.10.8           //反向查询，查询 IP 地址 192.168.10.8 所对应的域名
8.10.168.192.in-addr.arpaname = mail.czbigdata.com.
> set all            //显示当前设置的所有值
> exit              //退出
```

知识 4　DNS 服务器配置中的常见错误

（1）写错配置文件名。在这种情况下，运行 nslookup 命令不会出现命令提示符 ">"。

（2）主机域名后面没有 "."，这是常出现的错误。

（3）/etc/resolv.conf 文件中域名服务器的 IP 地址不正确。在这种情况下，nslookup 命令不会出现命令提示符 ">"。

（4）回送地址的数据库文件有问题。同样地，nslookup 命令不会出现命令提示符 ">"。

（5）在/etc/named.conf 文件的 zone 区域声明中定义的文件名位于/var/named 目录中。

如果要求所有用户都可以访问互联网，则还需要设置根域，并建立根域对应的区域文件，这样才可以访问互联网地址。

操作步骤：下载根 DNS 服务器的最新版本，将下载文件改名为 named.ca，复制到 /var/named 目录下即可。

拓展实战

在 Linux 客户端（Linux7-2）和 Windows 客户端中测试 DNS 服务器解析域名。

任务四　配置辅助 DNS 服务器

任务要求

知识要求：掌握 Linux 操作系统中配置辅助 DNS 服务器的方法。

实施要求：根据要求通过虚拟机在 Linux 操作系统中配置辅助 DNS 服务器，实现域名的解析。

技能要求：具备在 Linux 操作系统中配置辅助 DNS 服务器的技能。

任务实施

（1）课前，教师发布任务书，学生根据任务书查阅相关资料，根据知识初步完成 Linux 操作系统中辅助 DNS 服务器的配置。

（2）课中，教师对学生的任务完成情况进行评讲。

（3）课后，学生根据教师评讲巩固学习，熟练掌握在 Linux 操作系统中配置辅助 DNS 服务器的方法，以分担主 DNS 服务器的负载。

任务知识

在任务三中，已将 Linux7-1 虚拟机配置为主 DNS 服务器，现在需要配置一台辅助 DNS 服务器（Linux7-3，IP 地址为 192.168.10.4）作为内部缓存使用。要想拒绝所有的外部网络请求，只需要在 Linux7-3 中配置好/etc/named.conf 文件的以下参数即可。具体操作步骤如下。

（1）在 Linux7-3 中安装 DNS 服务器。

（2）配置/etc/named.conf 文件，具体配置参数如下。

```
options {
        listen-on port 53 { any; };
        listen-on-v6 port 53 { any; };
        directory       "/var/named";
        dump-file       "/var/named/data/cache_dump.db";
        statistics-file "/var/named/data/named_stats.txt";
        memstatistics-file "/var/named/data/named_mem_stats.txt";
        recursing-file  "/var/named/data/named.recursing";
        secroots-file   "/var/named/data/named.secroots";
        allow-query     { any; };
        forwarders{192.168.10.2};   //设置转发到的 DNS 服务器
        forward  only;  //该服务器为辅助 DNS 服务器
```

（3）设置防火墙放行，重新启动 DNS 服务，添加开机自启动功能。

（4）将客户机 Linux7-5 的首选 DNS 服务器设置为 192.168.10.4 进行测试。

一般地，互联网服务提供商（ISP）或大型公司才使用辅助 DNS 服务器。

项目小结

本项目主要讲解了 DNS 服务器的安装与配置，具体包含以下几点。

（1）DNS 服务器的工作原理。

（2）DNS 服务的安装与配置。

（3）主、辅助 DNS 服务器的基本配置方法。

（4）DNS 客户端的配置和测试方法。

提升练习

（1）DNS 域名空间结构是怎样的？请简述 DNS 服务器的工作原理。

（2）某企业各部门陆续搭建了部门网站，使用 IP 地址访问网站很不方便，公司决定配置 DNS 服务器，以使用域名访问部门网站。搭建 DNS 服务器管理 czbigdata.com 域中的域名，如表 10-1 所示，同时要为客户端提供 Internet 上的域名解析服务。

表 10-1 czbigdata.com 域中的域名

主机	FQDN（完全合格域名）	IP 地址
主 DNS 服务器	dns.czbigdata.com	192.168.10.10
辅助 DNS 服务器	dns2.czbigdata.com	192.168.10.11
设计部	design.czbigdata.com	192.168.10.12
市场部	market.czbigdata.com	192.168.10.13
办公室	office.czbigdata.com	192.168.10.14
商务部	business.czbigdata.com	192.168.10.15

项目十一　安装与配置 Apache 服务器

任务一　认识 HTTP

任务要求

知识要求：了解 HTTP 服务在网络中的作用，理解 HTTP 服务的工作过程。

实施要求：应用 Apache 服务器进行配置。

技术要求：应用 Apache 服务器完成网页的发布。

任务实施

（1）课前，教师发布任务书，要求学生使用 Apache 服务器测试网页。学生根据任务书在线学习相关知识，完成 Apache 服务器的基本配置。

（2）课中，教师对学生的课前任务完成情况进行评讲。

（3）课后，学生根据教师评讲巩固学习，熟练掌握 Apache 服务器的安装与配置方法。

任务知识

知识 1　HTTP 简介

HTTP（HyperText Transfer Protocol，超文本传输协议）是目前国际互联网基础中的一个重要组成部分。而 Apache 服务器、IIS（Internet Information Server）是 HTTP 的服务器软件，微软的 Internet Explorer 和 Mozilla 的 Firefox 则是 HTTP 的客户端实现。

HTTP 是基于浏览器/服务器（Browser/Server，B/S）模式的。HTTP 服务的工作过程如图 11-1 所示。

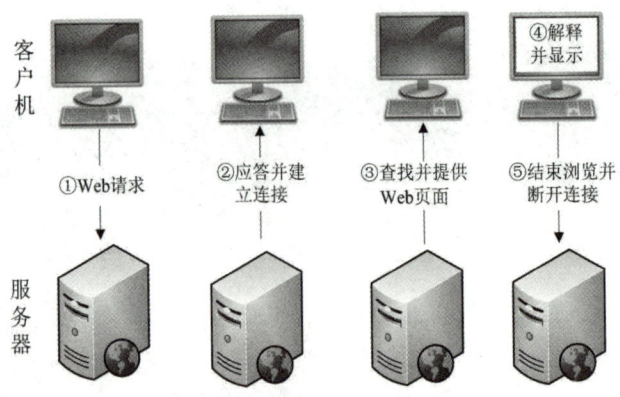

图 11-1　HTTP 服务的工作过程

知识 2　Apache 服务器

Apache 服务器是由 Apache 软件基金会开发的开源 Web 服务软件，支持跨平台运行。它通过 HTTP/HTTPS 协议提供静态和动态内容服务，具备模块化扩展、虚拟主机及安全控制等功能，以高稳定性和灵活性成为全球最流行的 Web 服务器之一。

任务二　Apache 服务的安装与配置

任务要求

知识要求：掌握 Apache 服务的安装步骤；掌握 Apache 服务配置文件的修改方法；掌握 Apache 服务的启动、停止、自启动操作命令。

实施要求：根据要求在虚拟机服务器中安装 Apache 服务程序，以及启动、停止和自启动 Apache 服务，并配置 Apache 服务器。

技术要求：具备安装 Apache 服务程序，以及启动、停止和自启动 Apache 服务的技能；具备配置 Apache 服务器完成网页发布的能力。

任务实施

（1）课前，教师发布任务书，要求学生在虚拟机中安装 Apache 服务程序、配置 Apache 服务器。学生根据任务书在线学习相关知识，完成 Apache 服务程序的安装和 Apache 服务器的配置。

（2）课中，教师对学生的课前任务完成情况进行评讲。

（3）课后，学生根据教师评讲巩固学习，熟练掌握 Apache 服务器的安装与配置方法。

任务知识

安装、启动 Apache 服务

知识 1　Apache 服务的安装

检测系统是否已经安装 Apache 的相关软件。

```
[root@Linux7-1 ~]# rpm -qa | grep httpd
```

如果系统还没有安装 httpd 软件包，则可以在网络畅通的前提下使用 yum 命令安装所需软件包。

```
[root@Linux7-1 ~]# yum clean all #安装前先清除缓存
[root@Linux7-1~]# yum install httpd -y
```

所有软件包安装完成后，可以使用 rpm 命令再一次进行查询。

```
[root@Linux7-1 ~]# rpm -qa | grep httpd
```

启动与停止 httpd 服务，设置开机启动。

```
[root@Linux7-1 ~]# systemctl start httpd     #启动 httpd 服务
[root@Linux7-1 ~]# systemctl enable httpd   #自启动 httpd 服务
[root@Linux7-1 ~]# systemctl restart httpd  #重启 httpd 服务
[root@Linux7-1~]# systemctl stop httpd      #停止 httpd 服务
```

知识 2　Apache 服务的参数设置

Apache 服务的配置文件一般放在/etc/httpd/conf/httpd.conf 目录中，主配置文件名为 httpd.conf。

（1）Apache 服务的配置文件。

Apache 服务的配置文件如表 11-1 所示。

表 11-1　Apache 服务的配置文件

配置文件的名称	存放位置
服务目录	/etc/httpd
主配置文件	/etc/httpd/conf/httpd.conf
网站数据目录	/var/www/html
访问日志	/var/log/httpd/access_log
错误日志	/var/log/httpd/error_log

（2）Apache 服务程序中的参数及其作用。

httpd.conf 文件不区分大小写，在该文件中以"#"开始的行为注释行。具体命令的语法格式为"配置参数名称　参数值"。伪 HTML 标记的语法格式如下。

```
<Directory />
```

```
        Options FollowSymLinks
        AllowOverride None
</Directory>
```

（3）配置文件中的参数设置。

配置文件中的参数设置如表 11-2 所示。

表 11-2　配置文件中的参数设置

参数	用途
ServerRoot	服务目录
ServerAdmin	管理员邮箱
User	运行服务的用户
Group	运行服务的组群
ServerName	网站服务器的域名
DocumentRoot	文档根目录（网站数据目录）
Directory	网站数据目录的权限
Listen	监听的 IP 地址与端口号
DirectoryIndex	默认的索引页面
ErrorLog	错误日志文件
CustomLog	访问日志文件
Timeout	网页超时时间，默认为 300 秒

在表 11-2 中，DocumentRoot 参数用于定义网站数据的保存路径，其参数的默认值是把网站数据存放到/var/www/html 目录中；而当前网站普遍使用的首页名称是 index.html。在/var/www/html 目录中写入文件，替换掉 httpd 服务的默认首页，并在本机浏览器中进行测试，测试页面如图 11-2 所示。

```
[root@Linux7-1 ~]# echo "Welcome To MyWeb" > /var/www/html/index.html
[root@Linux7-1 ~]# firefox http://127.0.0.1
```

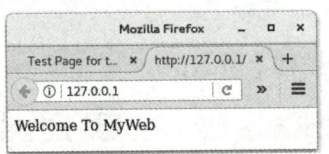

图 11-2　测试页面

任务三　Apache 服务配置实例

项目背景

网站的文档根目录默认保存在/var/www/html 目录中，现根据需求将网站文档的根目录修改为/home/www，并且将首页文件修改为 myweb.html。

Apache 服务器的配置

实施步骤

（1）在 Linux7-1 中修改文档的根目录为/home/www，并创建首页文件 myweb.html。

```
[root@Linux7-1 ~]# mkdir /home/www
[root@Linux7-1~]#echo"abddg welcome to 0031 web "> /home/www/myweb.html
```

（2）修改主配置文件，主配置文件的第 119 行用于定义网站数据保存路径的参数，将 DocumentRoot 后面的路径修改为/home/www；第 124 行用于定义目录权限的参数，将 Directory 后面的路径也修改为/home/www，同时将第 164 行修改为 DirectoryIndex index.html myweb.html。

```
[root@Linux7-1 ~]# vim /etc/httpd/conf/httpd.conf
................省略部分输出信息................
119 DocumentRoot "/home/www"
120
121 #
122 # Relax access to content within /var/www.
123 #
124 <Directory "/home/www">
125 AllowOverride None
126 # Allow open access:
127 Require all granted
128 </Directory>
................省略部分输出信息................
163 <IfModule dir_module>
164     DirectoryIndex index.html myweb.html
165 </IfModule>
................省略部分输出信息................
```

（3）关闭防火墙，并重启服务器。

```
[root@Linux7-1 ~]# systemctl stop firewalld
[root@Linux7-1]# systemctl restart httpd
```

（4）测试。目录修改后的测试页面如图 11-3 所示。

```
[root@Linux7-1 ~]# firefox http://127.0.0.1
```

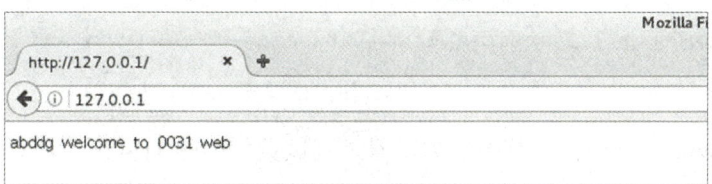

图 11-3　目录修改后的测试页面

任务四　个人用户主页配置

项目背景

在 IP 地址为 192.168.10.5 的 Apache 服务器中，为系统中的 s0 用户设置个人主页空间。该用户的主目录为/home/s0，个人主页空间所在的目录为 public_html。

实施步骤

（1）创建系统用户 s0，并修改其权限。

```
[root@Linux7-1 ~]# useradd s0
[root@Linux7-1 ~]# passwd s0
[root@Linux7-1 ~]# chmod 705 /home/s0
```

（2）创建存放用户个人主页空间的目录。

```
[root@Linux7-1 ~]# mkdir /home/s0/public_html
```

（3）创建个人主页空间的默认首页文件。

```
[root@Linux7-1 ~]# cd /home/s0/public_html
[root@Linux7-1 public_html]# echo "welcome to s0's web">>index.html
```

（4）在 httpd 服务程序中开启个人用户主页功能。

```
[root@Linux7-1 ~]# vim /etc/httpd/conf.d/userdir.conf
    …………<省略>
 17 # UserDir disabled
    …………<省略>
 24   UserDir public_html
    …………<省略>
```

（5）将 SELinux 设置为允许，让防火墙放行 httpd 服务，重启 httpd 服务。

```
[root@Linux7-1 ~]# setenforce 0
[root@Linux7-1 ~]# systemctl stop firewalld
[root@Linux7-1 ~]# systemctl restart httpd
```

（6）打开 Windows 操作系统中的浏览器，测试页面如图 11-4 所示。

图 11-4　Windows 测试页面

任务拓展

在 IP 地址为 192.168.10.20 的 Apache 服务器中，创建名为/test 的虚拟目录，它对应的物理路径为/home/virdir，并在客户端进行测试。

项目小结

本项目主要讲解了 Apache 服务器的安装与配置，具体包含以下几点。

（1）HTTP 服务的工作过程。

（2）Apache 服务器的基本配置方法。

（3）Apache 服务器的测试方法。

提升练习

（1）简述 HTTP 服务的工作过程。

（2）简述搭建 Apache 服务器的主要步骤。

（3）公司需要配置一台 Apache 服务器，以完成公司主页的设置。同时为了安全性，需要设置虚拟目录进行登录，请完成服务器的配置。

项目十二　安装与配置 FTP 服务器

任务一　认识 FTP

任务要求

知识要求：了解 FTP 服务在网络中的作用，了解 FTP 服务的工作过程。

实施要求：掌握 FTP 服务器的安装与配置方法。

技术要求：使用 FTP 服务器实现上传和下载。

任务实施

（1）课前，教师发布任务书，要求学生实现 FTP 服务器的安装与配置。学生根据任务书在线学习相关知识，使用本地 FTP 服务器实现上传和下载。

（2）课中，教师对学生的课前任务完成情况进行评讲。

（3）课后，学生根据教师评讲巩固学习，理解 FTP 服务的工作过程，完善 FTP 服务器的安装与配置。

任务知识

知识　FTP 简介

FTP 服务器是基于 FTP 协议（文件传输协议）搭建的网络服务端，用于在客户端与服务器之间实现高效、安全的文件上传与下载。它支持多用户访问、权限管理，并可通过主动/被动模式适应不同的网络环境，是文件共享和远程管理的核心工具。

1. FTP 服务的工作过程

FTP 服务的具体工作过程如下。

（1）客户端向服务器发出连接请求，同时客户端系统动态地打开一个端口号大于 1024 的端口等候服务器连接。

（2）如果 FTP 服务器在 21 端口侦听到该请求，则会在客户端的端口和服务器的 21 端口之间建立起一个 FTP 会话连接。

（3）当需要传输数据时，FTP 客户端再动态地打开一个端口号大于 1024 的端口连接到服务器的 20 端口，并在这两个端口之间进行数据传输。当数据传输完成后，这两个端口会自动关闭。

（4）当 FTP 客户端断开与 FTP 服务器的连接时，将自动释放客户端中动态分配的端口。FTP 服务的工作过程如图 12-1 所示。

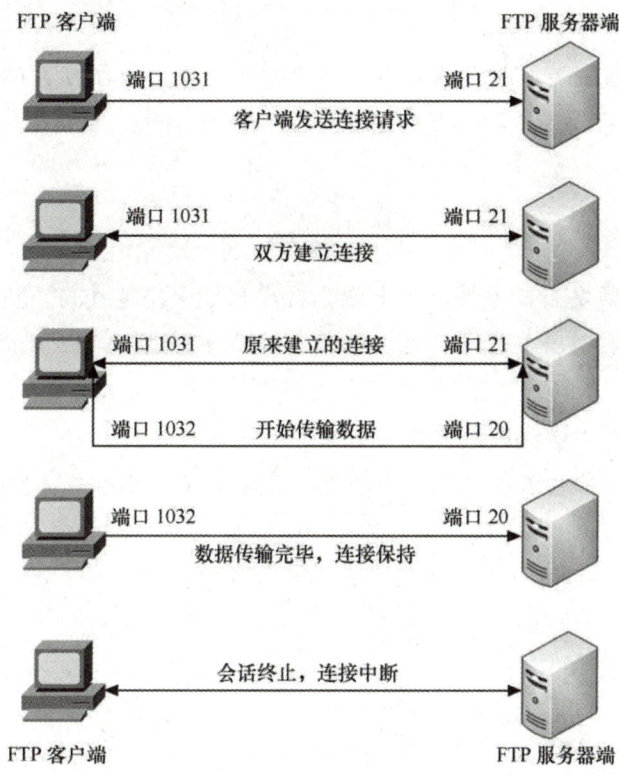

图 12-1　FTP 服务的工作过程 es

2. FTP 用户类型

（1）匿名用户。

匿名用户在登录 FTP 服务器时并不需要特别的密码就能访问服务器。一般匿名用户的用户名为 ftp 或 anonymous。

（2）本地用户。

本地用户是具有本地登录权限的用户，需要账号和密码才能登录。

（3）虚拟用户。

虚拟用户只具有从远程登录 FTP 服务器的权限，只能访问为其提供的 FTP 服务。

任务二　FTP 服务的安装与配置

任务要求

　　知识要求：掌握 FTP 服务的安装步骤；掌握 FTP 服务配置文件的修改方法；掌握 FTP 服务的启动、停止、自启动操作命令。

　　实施要求：根据要求在虚拟机服务器中安装 FTP 服务程序，以及启动、停止和自启动 FTP 服务，并配置 FTP 服务器。

　　技术要求：掌握安装 FTP 服务程序，以及启动、停止和自启动 FTP 服务的技能；具备通过 FTP 服务器实现上传和下载的能力。

任务实施

　　（1）课前，教师发布任务书，要求学生在虚拟机中安装 FTP 服务程序、配置 FTP 服务器。学生根据任务书在线学习相关知识，完成 FTP 服务程序的安装和 FTP 服务器的配置。

　　（2）课中，教师对学生的课前任务完成情况进行评讲。

　　（3）课后，学生根据教师评讲巩固学习，熟练掌握 FTP 服务器的安装与配置方法。

任务知识

知识 1　FTP 服务的安装

安装、启动 FTP 服务

1. 安装 vsftpd 服务

```
[root@Linux7-1 ~]# rpm -q vsftpd
[root@Linux7-1 ~]# mkdir /iso
[root@Linux7-1 ~]# mount /dev/cdrom /iso
[root@Linux7-1 ~]# yum clean all              //安装前先清除缓存
[root@Linux7-1 ~]# yum install vsftpd -y
[root@Linux7-1 ~]# yum install ftp -y         //同时安装 FTP 软件包
[root@Linux7-1 ~]# rpm -qa|grep vsftpd         //检查安装组件是否成功
```

2. 启动、停止、重启、开机自启动 vsftpd 服务

```
[root@Linux7-1 ~]# systemctl start vsftpd       #启动 FTP 服务
[root@Linux7-1 ~]# systemctl stop vsftpd        #停止 FTP 服务
[root@Linux7-1 ~]# systemctl restart vsftpd     #重启 FTP 服务
[root@LINUX7-1 ~]# systemctl enable vsftpd      #开机自启动 FTP 服务
```

知识 2　FTP 服务的配置

1. 主配置文件

vsftpd 服务的主配置文件在/etc/vsftpd/vsftpd.conf 中，总共有 127 行，但大部分参数行都添加了 "#"，表示注释信息。

```
[root@Linux7-1 ~]# mv  /etc/vsftpd/vsftpd.conf /etc/vsftpd/vsftpd. conf.bak
[root@Linux7-1  ~]#  grep  -v  "#"  /etc/vsftpd/vsftpd.conf.bak  >  /etc/
vsftpd/vsftpd.conf
[root@Linux7-1 ~]# cat /etc/vsftpd/vsftpd.conf -n
```

主配置文件参数如下。

```
 1anonymous_enable=YES
 2local_enable=YES
 3write_enable=YES
 4local_umask=022
 5dirmessage_enable=YES
 6xferlog_enable=YES
 7connect_from_port_20=YES
 8xferlog_std_format=YES
 9listen=NO
10listen_ipv6=YES
11
12pam_service_name=vsftpd
13userlist_enable=YES
14tcp_wrappers=YES
```

vsftpd 服务程序常用的参数如表 12-1 所示。

表 12-1　vsftpd 服务程序常用的参数

参数	作用
listen=[YES|NO]	是否以独立运行的方式监听服务
listen_address=IP 地址	设置要监听的 IP 地址
listen_port=21	设置 FTP 服务的监听端口
download_enable=[YES|NO]	是否允许下载文件
userlist_enable=[YES|NO] userlist_deny=[YES|NO]	设置用户列表为 "允许" 还是 "禁止" 操作
max_clients=0	最大客户端连接数，0 为不限制
max_per_ip 0	同一 IP 地址的最大连接数，0 为不限制
anonymous_enable=[YES|NO]	是否允许匿名用户访问
anon_upload_enable=[YES|NO]	是否允许匿名用户上传文件
anon_umask=022	匿名用户上传文件的 umask 值

anon_root=/var/ftp	匿名用户的 FTP 根目录
anon_mkdir_write_enable=[YES|NO]	是否允许匿名用户创建目录
anon_other_write_enable=[YES|NO]	是否开放匿名用户的其他写入权限（包括重命名、删除等操作权限）
anon_max_rate=0	匿名用户的最大传输速率（字节/秒），0 为不限制
local_enable=[YES|NO]	是否允许本地用户登录 FTP
local_umask=022	本地用户上传文件的 umask 值
local_root=/var/ftp	本地用户的 FTP 根目录
chroot_local_user=[YES|NO]	是否将用户权限禁锢在 FTP 目录中，以确保安全
local_max_rate=0	本地用户的最大传输速率（字节/秒），0 为不限制

2. 其他配置文件

- /etc/pam.d/vsftpd 文件：vsftpd 的 Pluggable Authentication Modules（PAM）配置文件，主要用来加强 vsftpd 服务器的用户认证。
- /etc/vsftpd/ftpusers 文件：所有位于此文件内的用户都不能访问 vsftpd 服务。当然，为了安全起见，该文件默认包括了 root、bin 和 daemon 等系统账户。
- /etc/vsftpd/user_list 文件：当 userlist_deny=NO 时，表示仅允许文件列表中的用户访问 FTP 服务器。当 userlist_deny=YES 时，这也是默认值，表示拒绝文件列表中的用户访问 FTP 服务器。
- /var/ftp 文件夹：vsftpd 提供服务的文件集散地，它包括一个 pub 子目录。在默认配置中，所有的目录都是只读的，不过只有 root 用户有写入权限。

3. vsftpd 的认证模式

vsftpd 允许用户以 3 种认证模式登录到 FTP 服务器中。

- 匿名开放模式：一种最不安全的认证模式，任何用户都可以无须密码验证而直接登录到 FTP 服务器中。
- 本地用户模式：通过 Linux 操作系统本地的账户密码信息进行认证的模式，相较于匿名开放模式更安全，而且配置起来也很简单。
- 虚拟用户模式：这 3 种认证模式中最安全的一种，它需要为 FTP 服务单独建立用户数据库文件，虚拟映射即通过虚拟的账户密码验证真实的账户信息，而这些账户信息在服务器系统中实际上是不存在的，仅供 FTP 服务程序进行认证使用。

任务三 匿名用户 FTP 服务配置实例

项目背景

搭建一台 FTP 服务器，允许匿名用户上传和下载文件，将匿名用户的根目录设置为/var/ftp。

FTP 服务器的配置

实施步骤

（1）创建测试文件，编辑/etc/vsftpd/vsftpd.conf。

```
[root@Linux7-1 ~]# touch /var/ftp/pub/sample.tar
[root@Linux7-1 ~]# vim /etc/vsftpd/vsftpd.conf
```

（2）在文后添加 4 行语句（语句前后一定不要有空格，如果有重复的语句，则请删除或直接在其上进行更改）。

```
anonymous_enable=YES          #允许匿名用户登录
anon_root=/var/ftp            #设置匿名用户的根目录为/var/ftp
anon_upload_enable=YES        #允许匿名用户上传文件
anon_mkdir_write_enable=YES   #允许匿名用户创建文件夹
```

（3）设置本地系统权限，将所有者设置为匿名用户 ftp，或者赋予其他用户对 pub 目录的写入权限。

```
[root@Linux7-1 ~]# ll -ld /var/ftp/pub
[root@Linux7-1 ~]# chown ftp /var/ftp/pub  //将所有者改为匿名用户 ftp
```

或者

```
[root@Linux7-1 ~]# chmod o+w /var/ftp/pub //其他用户的写入权限
```

（4）允许 SELinux，让防火墙放行 FTP 服务，重启 vsftpd 服务。

```
[root@Linux7-1 ~]# setenforce 0
[root@Linux7-1 ~]# firewall-cmd --permanent --add-service=ftp
[root@Linux7-1 ~]# firewall-cmd --reload
[root@Linux7-1 ~]# firewall-cmd --list-all
[root@Linux7-1 ~]# systemctl restart vsftpd
```

（5）Windows 客户端测试。

在 Windows 客户端的资源管理器中输入"ftp://192.168.10.3"，在 pub 目录中能够创建文件夹。

任务四　本地模式的常规 FTP 服务器配置

项目背景

现公司需要搭建一台 FTP 服务器，不允许匿名用户上传和下载文件，只能允许本地用户上传文件。

实施步骤

（1）首先创建维护网站内容的 FTP 账户 s1 并禁止其本地登录，然后为其设置密码。

```
[root@Linux7-1~]# useradd  s1
[root@Linux7-1~]# passwd  s1
```

（2）配置 vsftpd.conf 主配置文件并做相应修改。

```
[root@Linux7-1 ~]# vim  /etc/vsftpd/vsftpd.conf
anonymous_enable=NO #禁止匿名用户登录
local_enable=YES      #允许本地用户登录
```

（3）防火墙放行并允许 SELinux，重启 FTP 服务。

```
[root@Linux7-1 ~]# firewall-cmd --permanent --add-service=ftp
[root@Linux7-1 ~]# firewall-cmd --reload
[root@Linux7-1 ~]# firewall-cmd --list-all
[root@Linux7-1 ~]# setenforce 0
[root@Linux7-1 ~]# systemctl restart vsftpd
```

（4）测试服务器。在 Windows 地址栏中输入服务器的 IP 地址，进行 FTP 测试，如图 12-2 所示。登录服务器的界面如图 12-3 所示。登录后的界面如图 12-4 所示。

图 12-2 在 Windows 地址栏中输入服务器的 IP 地址

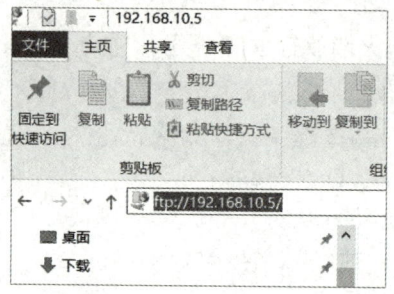

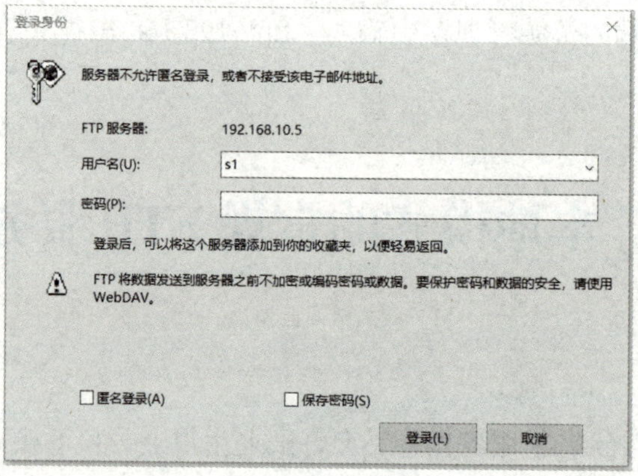

图 12-3 登录服务器的界面

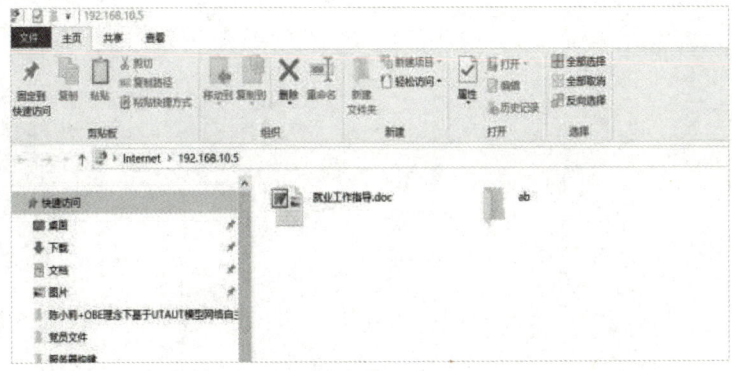

图 12-4　登录后的界面

任务拓展

公司内部现在有一台 FTP 服务器和 Web 服务器，FTP 服务器主要用于维护公司的网站内容，包括上传文件、创建目录、更新网页等。

项目小结

本项目主要讲解了 FTP 服务器的安装与配置，具体包含以下几点。

（1）FTP 服务器在网络中的作用。

（2）FTP 服务的工作过程。

（3）FTP 服务器的基本配置方法。

提升练习

建立仅允许本地用户访问的 FTP 服务器，并完成以下任务。

（1）创建 s1、s2 账户，并授予其读取、写入权限。

（2）使用 chroot 命令限制 s1、s2 账户在/home 目录中。